L'AN I DE L'ÈRE ÉCOLOGIQUE

La Terre dépend de l'homme qui dépend de la Terre

SÉLECTION BIBLIOGRAPHIQUE

Edgar MORIN

Éduquer pour l'ère planétaire. La pensée complexe comme méthode d'apprentissage dans l'erreur et l'incertitude humaines, en collaboration avec Emilio-Roger Ciurana, Paris, Balland, 2003.

L'Homme et l'environnement, quelle histoire ?, en collaboration avec Emmanuel Le Roy-Ladurie, Paul Chemetov, Gérard Mégie, Nantes, Pleins Feux, 2002.

Terre-patrie, avec la collaboration d'Anne-Brigitte Kern, Paris, Seuil, 1996, coll. « Points ».

La Nature de la nature, La Méthode, tome 1, Paris, Seuil, 1981, coll. « Points ».

La Vie de la vie, *La Méthode*, tome 2, Paris, Seuil, 1985, coll. « Points ».

L'Identité humaine, *La Méthode*, tome 5, Paris, Seuil, 2001, coll. « Points ».

Science avec conscience, Paris, Seuil, 1990, coll. « Points ».

Introduction à la pensée complexe, Paris, Seuil, 2005, coll. « Points ».

Le Paradigme perdu : la nature humaine, Paris, Seuil, 1979, coll. « Points ».

Introduction à une politique de l'homme, Paris, Seuil, 1999, coll. « Points ».

Pour une politique de civilisation, Paris, Arléa, 2002.

Pour entrer dans le XXIe siècle, Paris, Seuil, 2004, coll. « Points ».

La Tête bien faite, Paris, Seuil, 1999.

Relier les connaissances, Paris, Seuil, 1999.

Les Sept savoirs nécessaires à l'éducation du futur, Unesco, Paris, Seuil, 2000.

Nicolas HULOT

Pour un pacte écologique, Paris, Calmann-Lévy, 2006.

EDGAR MORIN

L'AN I DE L'ÈRE ÉCOLOGIQUE

La Terre dépend de l'homme qui dépend de la Terre

suivi d'un dialogue avec
NICOLAS HULOT

TALLANDIER
HISTOIRES D'AUJOURD'HUI

Histoires d'aujourd'hui
DANS LA MÊME COLLECTION

Hôpital Pompidou, une rumeur maligne ?, par Louis Omnès.

Y a-t-il une vie après la prison ?, par Jean-Marie Montali et Jacques Lesinge.

La collection « Histoires d'aujourd'hui », dirigée par Tessa Destais, raconte le moment présent, tel qu'il est vécu ou perçu par des auteurs connus, ou encore inconnus.

« Histoires d'aujourd'hui » veut apparaître simplement comme une fenêtre ouverte sur un monde en mouvement.

2, rue Rotrou – 75006 Paris
www.tallandier.com

SOMMAIRE

AVANT-PROPOS

Le présent recueil commence par un texte intitulé « L'an I de l'ère écologique ». Prématuré en 1972, ce titre convient aujourd'hui, et est devenu le titre de tout le livre. Pour l'auteur, le texte n'a pas pris une ride ; mieux encore : peu évident à l'époque, il est maintenant pleinement intelligible.

L'ensemble des textes ici publiés, qui jalonnent trois décennies, indique que le problème humainement et planétairement vital de l'écologie nécessite une pensée qui interroge à la fois tous les aspects de la vie en société, et le sens de l'aventure humaine.

Je remercie Tessa Destais qui m'a incité à réunir ces textes et sans qui le livre n'aurait pas vu le jour.

Je remercie Nicolas Hulot qui m'a fait l'amitié d'introduire notre dialogue dans ce livre.

Je remercie Fabrice Gerschel directeur de *Philosophie Magazine* qui a autorisé la publication de ce dialogue qu'il avait suscité.

Je remercie enfin Nicolas Truong qui a organisé et introduit le dialogue et dont la compréhension m'a été et me demeure précieuse.

E.M.

L'AN I DE L'ÈRE ÉCOLOGIQUE

(Supplément au *Nouvel Observateur*, 1972)

Le mot « écologie » renvoie à ce que recouvraient déjà les mots bien connus de *milieu*, d'*environnement*, de *nature* : mais il ajoute de la complexité au premier, de la précision au second, et retranche au troisième de la mystique, voire de l'euphorie. La notion de milieu, très pauvre, ne renvoie qu'à des caractères physiques et à des forces mécaniques ; la notion d'environnement est meilleure, dans le sens où elle implique un enveloppement placentaire, mais elle est vague ; la notion de nature nous renvoie à un être matriciel, une source de vie, vivante elle-même ; cette idée est poétiquement profonde, mais encore scientifiquement débile. Ces trois notions oublient le caractère le plus intéressant du milieu, de l'environnement, de la nature : leur caractère auto-organisé et organisationnel. C'est pourquoi il faut substituer un terme plus riche et plus exact, celui d'*écosystème.*

Qu'est-ce qu'un écosystème ? L'écologie en tant que science naturelle est arrivée à cette notion qui englobe l'environnement physique (biotope) et l'ensemble des espèces vivantes (biocénose) dans un espace ou « niche » donnée. Mais l'écologie actuelle n'a pu encore extraire de cette notion toutes ses possibilités car, pour la comprendre véritablement, il faudrait à la fois concevoir une théorie des systèmes et une théorie de l'auto-organisation[1].

Disons schématiquement que l'ensemble des êtres vivants dans une « niche » constitue un système qui s'organise de lui-même. Il y a une combinaison des relations entre espèces différentes : rapports d'association (symbioses, parasitismes) et de complémentarité (entre le mangeur et le mangé, le prédateur et la proie), hiérarchies qui se constituent, et régulations qui s'établissent. Un ensemble combinatoire se crée, avec ses déterminismes, ses cycles, ses probabilités, ses aléas. C'est cela l'écosystème, qu'on l'envisage à l'échelle d'une petite niche ou de la planète. Autrement dit, il y a un phénomène d'intégration naturelle entre végétaux, animaux, y compris humains, d'où résulte une sorte d'être vivant qui est l'écosystème. Cet « être vivant » est à la fois très robuste et très fragile. Très robuste, car il se réorganise lorsque, par exemple, apparaît une espèce nouvelle ou disparaît une espèce qui avait sa place dans la chaîne des complémentarités ; ainsi les écosystèmes ont évolué, sans périr, jusqu'à ce siècle, en dépit des massacres qu'opérait l'homme chasseur, en dépit des structurations qu'apportait l'homme agriculteur, en dépit des premières pollutions

1. Note de 2007 : que j'ai développé dans *La Méthode*, t. I : *La Nature de la nature*, t. II : *La Vie de la vie*, Paris, Seuil, 1981-1985, coll. « Points ».

qu'apportait l'homme urbain. Le caractère auto-réorganisateur spontané est la force de l'écosystème. Mais, comme un être vivant, il peut être tué si on lui injecte du poison chimique à des doses qui entraînent la mort en chaîne d'espèces liées les unes aux autres et si on altère les conditions élémentaires de la vie – comme la reproduction du plancton marin, par exemple. Déjà, on voit des lacs morts, des champs sans vie animale.

Ici, il faut comprendre une chose : le problème le plus grave n'est pas tant que l'homme use et dilapide l'énergie naturelle : de l'énergie, il en trouvera à revendre dans le rayonnement solaire et dans l'atome. Ce n'est pas tant non plus qu'il vidange ses déchets : tout être vivant est excrémentiel et « pollue » son environnement. Mais les excréments entrent dans le cycle naturel : biodégradables, ils sont aussi bionourriciers. Le danger est dans le poison qui dégrade sans pouvoir être dégradé lui-même, déversé en des quantités telles qu'il dégrade l'organisation complexe des écosystèmes. Or, dégrader l'écosystème, c'est dégrader l'homme, car l'homme, comme tout animal, se nourrit non seulement d'énergie, mais aussi, comme l'a dit Schrödinger, de néguentropie, c'est-à-dire d'ordre et de complexité.

Ici intervient une donnée fondamentale qui a été ignorée par la pensée occidentale. C'est que l'être vivant, et *a fortiori* l'homme, est un *système ouvert.* Un système clos, un minéral par exemple, n'effectue aucun échange avec l'environnement extérieur ; un système ouvert ne vit que parce qu'il est alimenté par l'extérieur, c'est-à-dire, dans le cas du vivant, par l'écosystème. Tout système ouvert vivant (auto-organisateur) est évidemment relativement indépendant dans l'écosystème ; il produit son déterminisme propre pour répondre aux aléas extérieurs, et ses « libertés » ou aléas propres pour répondre au déterminisme extérieur. Il a son *originalité*. Mais cette indépendance est dépendante de l'écosystème, c'est-à-dire qu'elle se construit en multipliant les liens avec l'écosystème. Ainsi, par exemple, un individu autonome du XXe siècle construit son autonomie à partir de la consommation d'une grande variété de produits, d'une très grande quantité d'énergie (tirés de l'écosystème) et d'un très long apprentissage scolaire (qui n'est autre que l'apprentissage du monde extérieur). *Ainsi, plus nous devenons indépendants, plus nous devenons dépendants du monde extérieur* : c'est le problème même de la société moderne qui croit au contraire s'émanciper du monde extérieur en le dominant.

Ajoutons : plus un système est évolué, c'est-à-dire complexe et riche, plus il est ouvert. L'homme est le système le plus ouvert de tous, le plus dépendant dans l'indépendance. Jamais la civilisation n'avait dépendu d'un si grand nombre de facteurs écosystémiques, et j'entends ici par écosystème non seulement la nature, mais l'écosystème technosocial, qui se superpose au premier et le rend encore plus complexe. Je pourrais montrer que l'écosystème n'est pas seulement nourricier en matière et en énergie : il donne aussi de l'organisation et de l'ordre, il nourrit l'homme en néguentropie, *il est pour tout être vivant, y compris l'homme coauteur, coopérateur, coprogrammateur de son propre développement.*

C'est donc toute l'idéologie occidentale depuis Descartes, qui faisait l'homme sujet dans un monde d'objets, qu'il faut renverser. C'est l'idéologie de l'homme unité insulaire, monade close dans l'univers, contre quoi le romantisme n'a pu réagir que poétiquement, contre quoi le scientisme n'a pu réagir que mécaniquement en faisant de l'homme une chose, lui aussi. Le capitalisme et le marxisme ont continué à exalter « la victoire de l'homme sur la nature » comme si c'était l'exploit le plus épique que d'écrabouiller la nature. Cette idéologie des Cortés et des Pizarro de l'écosystème conduit en fait au suicide ; la nature vaincue, c'est l'autodestruction de l'homme.

La conscience écologique, c'est :

1°) la conscience que l'environnement est un écosystème, c'est-à-dire une totalité vivante auto-organisée d'elle-même (spontanée) ;

2°) la conscience de la dépendance de notre indépendance, c'est-à-dire de la relation fondamentale avec l'écosystème, laquelle nous entraîne à rejeter notre vision du monde objet et de l'homme insulaire. C'est du reste la seule façon de comprendre les vérités des philosophies non occidentales – asiatiques et africaines –, de nous réconcilier avec elles et de déboucher sur une vision universelle du monde. L'homme doit se considérer comme le berger des nucléoprotéinés – les êtres vivants – et non comme le Gengis Khan de la banlieue solaire. Enfin, sur un plan pratique immédiat, l'homme doit reconsidérer tout le problème du développement industriel.

En un rien de temps, certains esprits sont passés de l'idolâtrie de la croissance, panacée et paramètre absolu, à son rejet total comme fléau apocalyptique. À mon avis, la vraie prise de conscience écologique est que : la croissance industrielle n'est pas le cadre ferme à l'intérieur duquel doivent se situer tous nos débats et nos problèmes politiques et sociaux ; il faut considérer cette croissance comme un *feed-back positif* (c'est-à-dire l'accroissement d'une déviation à l'égard de l'écosystème), comme un accroissement énorme d'entropie (c'est-à-dire de désordre dans l'environnement, de forces de désintégration dans l'écosystème) et comme une tendance exponentielle qui tend vers l'infini (c'est-à-dire vers zéro, vers la destruction), ainsi que le ferait une poussée démographique non contrôlée. En fait, la croissance industrielle est encore moins contrôlée que l'expansion démographique. Il s'agit, là encore, de renverser la vision. La réponse ne serait donc pas dans une nouvelle solution-miracle, la *zero growth*, l'état stationnaire, mais dans la croissance contrôlée. Or cela pose un problème énorme qui est celui de la politique à l'échelle planétaire, puisqu'il est évident que le contrôle de la croissance doit venir des besoins planétaires et pas seulement de ceux des nations industrialisées. Alors des questions se posent inéluctablement : quel contrôle ? qui contrôlera ? Et si l'on pose la question du développement économique en ces termes, il faut aussi poser la question du développement de l'homme, c'est-à-dire d'une mutation de l'organisation sociale tout entière.

Le capitalisme est-il incapable de résoudre le problème du contrôle de la croissance et, plus généralement, le problème écologique ? Cela dépend du niveau auquel on pose le problème écologique. Si on ne considère que son aspect technologique et économique, alors il est possible – je dis seulement mais nettement *possible* – que le capitalisme puisse, grâce à un effort technologique, résoudre des problèmes de pollution : construire des moteurs d'auto propres, éventuellement sans essence, réduire les pollutions chimiques multiples dans tel ou tel secteur d'industrie ou d'agriculture, etc. Cela lui imposera des contraintes, mais il peut les surmonter par un surcroît de concentration et d'organisation, à la fois asservi et stimulé par les contrôles de l'État. Dans ce sens, l'écologie peut lui donner un nouveau coup de fouet, comme l'ont fait souvent les crises économiques, mortelles dans leur principe mais parfois stimulantes dans leurs effets. D'autre part, il pourra se développer un capitalisme écologique qui fabriquera et vendra du non-polluant, du sain, du régénérant. Que dis-je ? Cela a déjà commencé, et pas seulement de façon mythologique (comme dans la publicité des dentifrices, boissons gazeuses et même de poisons comme le tabac qui nous promettent de l'haleine fraîche), il y a déjà un capitalisme alimentaire, touristique, vacancier et immobilier, qui vend de la nature, du soleil, de l'eau pure, de la santé, etc.

À un niveau fondamental ou radical, cependant, le problème écologique nous oblige à envisager la restructuration de la vie et de la société humaine. Dans ce sens, à l'écologisme de « droite », qui est avant tout technologique, s'oppose un écologisme de « gauche ». Les idées de socialisme ont été les mythes annonciateurs de cette aspiration ; le mot de révolution a exprimé la profondeur de la restructuration nécessaire ; mais les formules dites socialistes ou révolutionnaires actuelles sont à mon avis les caricatures, les déviations ou les schèmes rudimentaires de l'extraordinaire mutation nécessaire. Ma conviction est que la société n'existe pas encore. Depuis dix mille ans, elle cherche à tâtons une formule sans l'avoir trouvée.

Pour exprimer mon sentiment, je me servirai de l'analogie prébiotique. Avant et pour que naisse la première cellule vivante, cette merveille d'organisation qui est la base de tous les organismes qui se sont développés depuis lors, il y a eu un milliard d'années de réactions chimiques, d'assemblages de macromolécules, jusqu'à ce qu'apparaisse, par chance ou par nécessité, on en discute encore, le premier système métabolique autoreproducteur viable. À mon avis, l'histoire humaine, à travers le bruit et la fureur, à travers essais et erreurs, est une histoire présociétale. Pour arriver à une autre histoire, il faut aussi bien le déploiement de mouvements profonds, quasi inconscients, que la prise de conscience élémentaire de vérités premières et de dangers mortels.

Il existe une critique de l'économie politique par l'écomouvement. Or, il ne s'agit pas de substituer, mais d'intégrer et de dépasser – y compris l'écologisme qui, isolé et hypostasié, deviendrait un mot fétiche et un mythe du même acabit que ceux qui l'ont précédé. Il faut, à mon avis, construire une métathéorie et une nouvelle pratique. Mais, pour cela, il manque encore l'essentiel : une science de l'homme qui sache intégrer l'homme dans la réalité biologique tout en déterminant ses caractères originaux. Sans le développement de cette science, nous serons impuissants, comme la bourgeoisie aurait été impuissante sans le développement des sciences physiques qui ont permis le développement des technologies, comme le socialisme en tant que mouvement ascendant aurait été impuissant sans les théories sociologiques de Saint-Simon, Fourier, Proudhon, Bakounine, Marx. Il nous faut une théorie des systèmes auto-organisateurs et des écosystèmes, c'est-à-dire qu'il faut développer une bio-anthropologie[2], une sociologie fondamentale[3] et une écologie généralisée[4]. Pour cela, il ne faut pas faire confiance au développement des sciences ; celui-ci s'opère de façon quantitative, avec d'énormes moyens, mais avec un gâchis énorme, dû à la bureaucratisation, à la technocratisation, à l'hyperspécialisation de la recherche scientifique. Les grandes découvertes, les théories d'avant-garde naissent dans les brèches du système, comme la découverte du code génétique par Watson et Crick, et même, pour prendre un exemple dans les disciplines classiques, le déchiffrement du « linéaire B », dont parle si bien Vidal-Naquet dans sa préface au livre de John Chadwick[5]. La science progresse aujourd'hui statistiquement, par le nombre des recherches, et non logiquement. Jacob Bronowski a

2. Note de 2007 : cf. mon *Paradigme perdu, la nature humaine*, Paris, Seuil, 1979, coll. « Points ».

3. Note de 2007 : cf. *Sociologie*, Paris, Seuil, 1994, coll. « Points ».

4. Note de 2007 : cf. *La Méthode*, t. II : *La Vie de la vie*, Paris, Seuil, 1985, coll. « Points »,

5. *Le Déchiffrement du linéaire B*, Paris, 1972.

dit justement que le concept de science sur lequel nous vivons actuellement n'est ni absolu ni éternel. C'est la notion de science qui doit passer à un niveau de complexité, de richesse, de lucidité plus élevé[6]. À mon sens, la nouvelle écologie généralisée, science des interdépendances, des interactions, des interférences entre systèmes hétérogènes, science au-delà des disciplines isolées, science véritablement transdisciplinaire, doit contribuer à ce dépassement.

---

6. Note de 2007 : cf. mon *Science avec conscience*, Paris, Seuil, 1990, coll. « Points ».

LA PENSÉE ÉCOLOGISÉE

(*Le Monde diplomatique*, 1989)

Le temps n'est plus à se lamenter sur les catastrophes écologiques. Ni à imaginer que, à lui seul, l'essor des technologies pourrait y porter remède. Le sursaut salvateur ne peut venir que d'un immense bouleversement de nos rapports à l'homme, aux autres vivants, à la nature.

Le problème écologique nous concerne non seulement dans nos relations avec la nature mais aussi dans notre relation avec nous-mêmes.

L'écologie, en tant que discipline scientifique, s'est créée à la fin du dix-neuvième siècle, avec le biologiste allemand Ernst H. Haeckel ; et, en 1935, avec Tansley, est apparu l'« écosystème », notion centrale qui a distingué le type d'objet de cette science de la plupart des autres domaines de la recherche.

En 1969, s'est opérée en Californie une jonction entre l'écologie scientifique et la prise de conscience des dégradations du milieu naturel, non seulement locales (lacs, rivières, villes) mais désormais globales (océan, planète), affectant les nourritures, les ressources, la santé et le psychisme des êtres humains eux-mêmes. Il y a eu ainsi passage de la science écologique à la conscience écologique.

De plus, la jonction s'est faite entre la conscience écologique et une version moderne du sentiment romantique de la nature qui s'était développée, principalement dans la jeunesse, au cours des années soixante. Ce sentiment a trouvé dans le message écologique une justification rationnelle. Jusqu'alors, tout retour à la nature avait été perçu, dans l'histoire occidentale moderne, comme irrationnel, utopique, en contradiction avec les évolutions « progressives ». En fait, l'aspiration à la nature n'exprime pas seulement le mythe d'un passé naturel perdu, elle exprime aussi les besoins *hic et nunc* des êtres qui se sentent brimés, oppressés, opprimés dans un monde artificiel et abstrait. La revendication de la nature est une des revendications les plus personnelles et les plus profondes, qui naît et se développe dans les milieux urbains de plus en plus technicisés, bureaucratisés, chronométrés, industrialisés. Il a fallu la science et la conscience écologiques pour qu'on en découvre la rationalité.

Dans les années 1969-1972, la conscience écologique suscite une prophétie aux couleurs d'apocalypse. Elle annonce que la croissance industrielle conduit à un désastre irréversible, non seulement pour l'ensemble du milieu naturel mais aussi pour l'humanité. Il faut considérer comme historique l'année 1972, celle du rapport Meadows, commandé par le Club de Rome, et qui situe le problème dans sa dimension planétaire[1]. Certes, ses méthodes de calcul étaient simplistes, mais c'était une première tentative pour appréhender ensemble les devenirs humain et biologique à l'échelle planétaire. De même, les premières cartes de géographie établies au Moyen Âge par les navigateurs arabes comportaient d'énormes erreurs dans la situation et la dimension des continents, mais elles constituaient le premier effort pour concevoir le monde.

La prophétie écologiste des années soixante-dix s'est partiellement autodétruite : la diffusion assez rapide de la conscience des pollutions, dégradations locales ou provinciales a provoqué la mise en œuvre de dispositifs juridiques et techniques qui ont en quelque sorte amendé ou différé son caractère cataclysmique. Mais une bonne prophétie, c'est précisément celle qui suscite les réactions et luttes évitant la catastrophe qu'elle prédit.

Cependant, la prophétie catastrophique n'a été que retardée : quinze ans plus tard, divers accidents spectaculaires, dont Seveso et Tchernobyl, l'ont vérifiée, et la grande alerte sur la biosphère est aujourd'hui déclenchée.

Le secondaire et l'essentiel

Désormais, avec le recul, on peut mieux voir ce qu'il y avait de secondaire et d'essentiel dans la prise de conscience écologique. Ce qui était secondaire, et que

---

1. D. Meadows et alii, *Halte à la croissance*, Paris, Fayard, 1972.

certains ont pris pour le principal, c'était l'alerte énergétique. Bien des esprits de la première vague écologique ont cru qu'on allait dilapider très rapidement les ressources en énergie du globe. En fait, les potentialités illimitées du nucléaire et du solaire indiquent que la menace fondamentale ne se situe pas là. La seconde erreur était le mythe d'une nature représentant une sorte d'équilibre idéal, statique, qu'il fallait respecter ou rétablir. On ignorait que les écosystèmes et la biosphère ont une histoire faite de ruptures d'équilibres et de rééquilibres, de désorganisations et de réorganisations.

Mais alors qu'y avait-il d'important dans la conscience écologique ?

C'est, nous allons le voir :

1°) la réintégration de notre environnement dans notre conscience anthropologique et sociale ;

2°) la résurrection écosystémique de l'idée de nature ;

3°) l'apport décisif de la biosphère à notre conscience planétaire.

Revenons à la notion d'écosystème. Dans un milieu donné, les instances géologiques, géographiques, physiques, climatologiques (biotope) et les êtres vivants de toute sorte, unicellulaires, bactéries, végétaux, animaux (biocénose) inter-rétroagissent pour générer et régénérer sans cesse un système organisateur – ou écosystème – *produit par ces inter-rétroactions mêmes*. Autrement dit, les interactions entre les êtres vivants ne sont pas uniquement de dévora, de conflit, de compétition, de concurrence, de dégradation et de déprédation, mais aussi d'interdépendances, de solidarités et de complémentarités. L'écosystème s'autoproduit, s'autorégule et s'auto-organise de façon d'autant plus remarquable qu'il ne dispose d'aucun centre de contrôle, d'aucune tête régulatrice, d'aucun programme génétique. Son processus d'autorégulation intègre la mort dans la vie, la vie dans la mort.

C'est le cycle trophique dans lequel, effectivement, la mort – et la décomposition – des grands prédateurs nourrit non seulement des animaux charognards, non seulement une multitude d'insectes nécrophages, mais aussi des bactéries. À leur tour, ces bactéries vont fertiliser les sols ; les sels minéraux issus des décompositions vont nourrir les plantes par les racines ; ces plantes elles-mêmes vont nourrir des animaux végétariens, lesquels vont nourrir des animaux carnivores, etc. Ainsi la vie et la mort s'entretiennent l'une l'autre, selon la formule d'Héraclite : « Vivre de mort, mourir de vie. » Il faut s'émerveiller de cette étonnante organisation spontanée, mais ne pas l'idéaliser pour autant car c'est la mort qui régule tous les excès de naissance et toutes les insuffisances de nourriture. La mère nature est en même temps marâtre.

On peut se demander si les écosystèmes ne sont pas des sortes de *computers*, ordinateurs sauvages spontanément créés à partir des intercomputations entre les vivants, qui, bactéries, plantes, animaux, sont tous des êtres dont l'organisation et l'activité sont indissociables d'une organisation computante et d'une activité cognitive. Même les plantes ont des stratégies, certaines de lutter les unes contre les autres pour l'espace ou le soleil. Ainsi les radis sécrètent des substances nocives pour écarter d'autres végétaux de leur voisinage ; les arbres se bousculent dans les forêts pour chercher le soleil ; les fleurs usent de séduction pour attirer les insectes butineurs. On constate des phénomènes incessants d'intercomputations et d'intercommunications qui, à mon sens, établissent une entité computante globale.

De même que le marché économique est une sorte d'ordinateur numérique spontané, né de myriades de calculs et computations individuelles, qui régule en retour ces calculs et computations, de même les intercomputations entre les êtres vivants créent une sorte de supercomputation (non numérique) qui régule les interactions elles-mêmes. C'est la seule façon de comprendre pourquoi si nombreuses sont les fleurs – à commencer par les orchidées – qui utilisent des stratégies d'attraction, de parure et de séduction pour les insectes, de façon que ceux-ci viennent butiner leur pollen ; et de comprendre aussi pourquoi les insectes eux-mêmes vont vers ces plantes. Autrement dit, bien des complémentarités deviendraient intelligibles en concevant l'écosystème comme une sorte d'être naturel spontané, aux milliards de têtes, de membres. Il en est de même de la notion de biosphère, écosystème suprême qui contient et englobe les écosystèmes de notre planète. Ainsi les notions d'écosystème et de biosphère introduisent-elles leurs richesses et leurs complexités à l'idée romantique de Nature.

Jusqu'à une époque récente, toutes les sciences découpaient arbitrairement leur objet dans le tissu complexe des phénomènes. L'écologie est la première qui traite du système global, avec ses constituants physiques, botaniques, sociologiques, microbiens, dont chacun relève d'une discipline spécialisée. La connaissance écologique nécessite une polycompétence dans ces différents domaines et, surtout, une appréhension des interactions et de leur nature systémique.

Une science de type nouveau

Les succès de la science écologique nous montrent que, contrairement au dogme de l'hyperspécialisation, il existe une connaissance organisationnelle globale, seule capable d'articuler les compétences spécialisées pour comprendre les réalités complexes. De plus, le diagnostic d'un mal écologique appelle non pas une action destructrice sur une cible, mais une action régulatrice sur une interaction ; ainsi on intervient écologiquement contre un pathogène, non par l'emploi massif de pesticides, qui, pour détruire l'espèce jugée néfaste, vont détruire la plupart des autres espèces, mais par l'introduction dans le milieu d'une espèce antagoniste à l'espèce dangereuse, ce qui va permettre de réguler l'écosystème menacé.

Nous sommes donc en présence d'une science de type nouveau, portant sur un système complexe, faisant appel à la fois aux interactions particulières et à l'ensemble global, qui ressuscite le dialogue et la confrontation entre les hommes et la nature, et qui permet des interventions mutuellement profitables.

Examinons maintenant l'aspect paradigmatique de la pensée écologisée. Je donne au mot « paradigme » le sens suivant : « La relation logique entre les concepts maîtres commandant toutes les théories et tous les discours qui en dépendent. » Ainsi, le grand paradigme de la culture occidentale du XVIIe au XXe siècle disjoint le sujet et l'objet, le premier renvoyé à la philosophie, le second à la science : tout ce qui est esprit et liberté relève de la philosophie ; tout ce qui est matériel et déterministe relève de la science. Ce même paradigme entraîne la disjonction entre la notion d'autonomie et celle de dépendance : l'autonomie n'a aucune validité dans le cadre du déterminisme scientifique, et, dans le cadre philosophique, elle chasse l'idée de dépendance. Or la pensée écologisée doit nécessairement briser ce carcan et se référer à un paradigme complexe où l'autonomie du vivant, conçu comme être auto-éco-organisateur, est inséparable de sa dépendance.

L'organisme d'un être vivant (auto-éco-organisateur) travaille sans arrêt, donc, pour s'automaintenir, dégrade son énergie. Il a besoin de la renouveler en puisant dans son environnement, et, par là même, il dépend de ce dernier. Ainsi nous avons besoin de la dépendance écologique pour pouvoir assurer notre indépendance. Autrement dit, la relation écologique nous amène très rapidement à une idée apparemment paradoxale : pour être indépendant, il faut être dépendant. Et plus on veut gagner son indépendance, plus il faut la payer par de la dépendance. Ainsi notre autonomie matérielle et spirituelle d'êtres humains dépend de nourritures culturelles, d'un langage, d'un savoir, de mille choses techniques et sociales. Plus notre culture nous permettra la connaissance de cultures étrangères et de cultures passées, plus notre esprit aura des chances de développer son autonomie.

L'auto-éco-organisation signifie aussi, plus profondément, que l'organisation du monde extérieur est inscrite à l'intérieur de notre propre organisation vivante. Ainsi le rythme cosmique de la rotation de la Terre sur elle-même, qui fait alterner le jour et la nuit, se retrouve aussi à l'intérieur de nous sous forme d'une horloge biologique interne ; celle-ci détermine notre rythme nycthéméral autonome, lequel manifeste sa périodicité, sans nul stimulus extérieur, chez un sujet humain vivant sans montre dans une caverne. De même le rythme des saisons est-il inscrit à l'intérieur des organismes végétaux et animaux. Certaines plantes commencent à sécréter leur sève à partir de l'accroissement de la durée du jour, d'autres à partir de l'intensification de la lumière solaire. Pour la plupart des animaux, le printemps est la saison des amours, des copulations, de la reproduction. Autrement dit, le rythme cosmique externe des saisons se retrouve à l'intérieur des êtres vivants, de même que nous avons pris du cosmos, pour l'intégrer à nos sociétés, l'organisation du temps qui est celle de notre calendrier et de nos fêtes. Ainsi le monde est en nous, en même temps que nous sommes dans le monde.

Nous sommes des superprimates

C'est ici qu'il nous faut totalement abandonner la conception insulaire de l'homme : nous ne sommes pas des extra vivants, des extraanimaux, des extramammifères, des extraprimates. Nous ne sommes pas détachés des primates, nous sommes devenus des superprimates en développant des qualités qui étaient sporadiques, ou amorcées, chez les singes, comme le bipédisme, la chasse ou l'utilisation des outils. Nous ne sommes pas détaché des mammifères, nous sommes des supermammifères marqués à jamais par notre relation intime, chaude, intense d'être, inachevée non seulement à la naissance mais jusqu'à la mort, avec notre mère, ainsi que par la relation entre les frères et sœurs dans une portée, source de l'amour, de l'affection, de la tendresse, de la fraternité humaines. Nous sommes des supermammifères, des supervertébrés, des superanimaux, des supervivants. Cette idée fondamentale signifie, du coup, que non seulement l'organisation biologique, animale, mammifère, etc., se trouve dans la nature, à l'extérieur de nous, mais aussi dans notre nature, à l'intérieur de nous.

La pensée écologisée

Comme tous les êtres vivants, nous sommes aussi des êtres physiques. Nous sommes constitués par des macromolécules complexes remontant à une époque prébiotique de la Terre : les atomes de carbone de ces molécules, indispensables à la vie, se sont formés dans le creuset de soleils ayant précédé le nôtre, de la rencontre de noyaux d'hélium. Enfin, toutes les particules qui se sont liées en hélium datent des premières secondes de l'univers. Ainsi, en même temps que nous sommes dans un monde physique, ce monde physique, dans son organisation physico-chimique, est constitutivement en nous. Voici donc un principe fondamental de la pensée écologisée : non seulement on ne peut disjoindre un être autonome (*Autos*) de son habitat cosmophysique et biologique (*Oikos*), mais il faut aussi penser qu'*Oikos* est dans *Autos* sans pourtant qu'*Autos* cesse d'être autonome, et, en ce qui concerne l'homme, relativement étranger au monde qui est pourtant le sien. En effet, nous sommes intégralement les enfants du cosmos. Mais par l'évolution, par le développement particulier de notre cerveau, par le langage, par la culture, par la société, nous lui sommes devenus étrangers, nous nous sommes distanciés de lui et nous nous en sommes marginalisés.

Pour comprendre notre situation, je reprendrai la parabole du mathématicien G. Spencer-Brown. Il disait à peu près : « Supposons que l'univers veuille prendre conscience de lui-même. Que ferait-il ? Eh bien, l'univers serait obligé de dégager de lui une sorte de pédoncule, une sorte de bras de poulpe qu'il éloignerait de lui de façon à pouvoir se regarder lui-même. Mais, au moment où ce bras s'éloigne, où l'extrémité de ce bras se retourne sur l'univers pour le regarder, elle cesse d'en faire vraiment partie et lui devient étrangère. Ainsi l'univers échoue là où il a réussi : au moment où il a réussi à se connaître, il est trop tard, ce qui le connaît s'en est, d'une certaine façon, autonomisé[2]. » Certains ont pensé définir l'homme par disjonction et opposition à la nature ; d'autres par l'intégration à la nature. Or nous devons nous définir à la fois par l'insertion mutuelle et par notre distinction par rapport à la nature. Nous vivons cette situation paradoxale.

Nous sommes aujourd'hui arrivés au moment historique où le problème écologique nous demande de prendre simultanément conscience de notre relation fondamentale avec le cosmos et de notre étrangeté. Toute l'histoire de l'humanité est histoire d'interaction entre la biosphère et l'homme. Le procès s'est intensifié avec le développement de l'agriculture, qui a profondément modifié le milieu écologique. De plus en plus s'est créé une sorte de dialogue (relation à la fois complémentaire et antagoniste) entre la sphère anthroposociale et la nature. L'homme doit cesser d'agir comme un Gengis Khan de la banlieue solaire et se considérer, non pas comme le berger de la vie, mais comme le copilote de la nature. Un double pilotage est désormais requis par la conscience écologique : l'un profond, qui vient de toutes les sources inconscientes de la vie et de l'homme, et l'autre, celui de notre intelligence consciente.

---

2. G. Spencer-Brown, *Laws of Form*, New York, Bantam Books, 1972.

La nécessité d'un remembrement disciplinaire

La conscience écologique peut être très facile dès qu'il s'agit de maux, de nuisances : voilà un Tchernobyl, voici un Seveso, voici une catastrophe. Mais la pensée écologisée est très difficile parce qu'elle contredit des principes enracinés en nous dès l'école élémentaire, où l'on nous apprend à faire des coupures et des disjonctions dans le tissu complexe du réel, à isoler des domaines du savoir sans pouvoir désormais les associer. Puis on nous convainc qu'on est condamné à la clôture des disciplines, que leur isolement est indispensable, alors qu'aujourd'hui les sciences de la Terre et l'écologie montrent qu'un remembrement disciplinaire est possible. Nous sommes en quelque sorte commandés par un paradigme qui nous contraint à une vision segmentée des choses ; nous sommes habitués à penser l'individu séparé de son environnement et de son *habitus*, à enfermer les choses en elles-mêmes.

La méthode expérimentale a contribué à désécologiser les choses. Elle extrait un corps de son environnement naturel, le place dans un environnement artificiel contrôlé par l'expérimentateur, soumet ce corps à des tests déterminant ses réactions dans diverses conditions. On en est venu à croire que la seule réalité était celle surgissant dans les environnements artificiels (expérimentaux), tandis que ce qui se passait dans les environnements naturels n'était pas intéressant, faute de pouvoir isoler les variables et les facteurs.

Les choses ne sont pas des choses

La méthode expérimentale s'est révélée stérile ou perverse lorsqu'on a voulu connaître un animal par son comportement en laboratoire et non dans son milieu naturel avec ses congénères. Elle a été incapable d'arriver aux constatations capitales effectuées par l'observation, dans leur écosystème, des chimpanzés. Là, on a découvert que ces animaux étaient omnivores, inventifs, capables de fabriquer des outils, de pratiquer la chasse ; on s'est rendu compte qu'il s'agissait d'êtres complexes, très divers par le caractère et l'intelligence, ne pratiquant pas l'inceste entre la mère et le fils, alors que l'on croyait l'interdit de l'inceste propre à l'homme. En d'autres termes, l'observation des êtres dans leur environnement naturel a permis de découvrir leur nature propre, alors que la méthode d'isolement détruisait l'intelligibilité de leur vie. Tout ce qui isole un objet détruit sa réalité même. Il ne suffit pas de dire « les êtres humains, les êtres vivants ne sont pas des choses » ; il convient d'ajouter que les choses elles-mêmes ne sont pas des choses, c'est-à-dire des objets clos.

Il faut cesser de voir l'homme comme un être surnaturel, et abandonner le projet formulé par Descartes, puis par Marx, de conquête et de possession de la nature. Ce projet est devenu ridicule à partir du moment où l'on s'est rendu compte que l'immense cosmos, dans son infini, reste hors de notre atteinte. Il est devenu délirant à partir du moment où l'on s'est rendu compte que c'est le devenir prométhéen de la technoscience qui conduit à la ruine de la biosphère et, par là, au suicide de l'humanité. La divinisation de l'homme dans le monde doit cesser. Certes, il nous faut valoriser l'homme mais nous savons aujourd'hui que nous ne pouvons le faire qu'en valorisant aussi la vie : le respect profond de l'homme passe par le respect profond de la vie[3]. La religion de l'homme insulaire est une religion inhumaine. La pression de la complexité des événements, l'urgence et l'ampleur du problème écologique nous poussent à changer nos pensées, mais nous avons également besoin d'une poussée intérieure visant à modifier les principes mêmes de notre pensée.

L'aspect métanational et planétaire du problème écologique est apparu dès les années 1969-1972. La menace écologique ignore les frontières. La pollution chimique du Rhin concerne la Suisse, la France, l'Allemagne, les Pays-Bas, les riverains de la mer du Nord. Nous avons vu l'extrême insolence du nuage de Tchernobyl : non seulement il n'a pas respecté les États nationaux, la division entre Europe de l'Est et Europe de l'Ouest, mais il a même débordé notre continent ! Le problème Tchernobyl rejoint ainsi ceux de l'accroissement du gaz carbonique dans l'atmosphère et du trou d'ozone sur l'Antarctique. Les problèmes fondamentaux sont planétaires, comme l'est le danger qui plane désormais sur l'humanité. C'est en ces termes que nous devons penser par rapport aux maux qui nous menacent, mais aussi par rapport aux trésors écologiques, biologiques et culturels à sauvegar-

3. Voir Edgar Morin, *La Méthode*, t. II, *La Vie de la vie*, Paris, Seuil, 1980.

der : la forêt amazonienne est un trésor biologique de l'humanité à préserver, comme, sur un autre plan, sont à préserver les diversités animales et végétales, ainsi que les diversités culturelles – fruits d'expériences multimillénaires – qui, nous le savons aujourd'hui, sont inséparables des diversités écologiques. Plus rapidement et plus intensément que toutes les autres prises de conscience contemporaines, les prises de conscience écologiques nous entraînent à ne rien abstraire de l'horizon global, à tout penser dans la perspective planétaire.

Une conception barbare du développement

Du même coup, nous sommes amenés à reposer le problème du développement en rejetant la notion – si grossière et si barbare, et qui a longtemps régné – selon laquelle le taux de croissance industrielle signifiait le développement économique et le développement économique signifiait le développement humain, moral, mental, culturel, etc. Alors que dans nos civilisations, dites développées, il existe un atroce sous-développement culturel, mental et humain. On a voulu donner ce modèle aux pays du tiers-monde. Le mot développement doit être entièrement repensé et complexifié. Nous voici au moment où le problème écologique rejoint le problème du développement des sociétés et de l'humanité tout entière.

L'humanité est dans la biosphère, dont elle fait partie ; la biosphère est autour de la planète Terre, dont elle fait partie. Au cours des années récentes, James Lovelock a proposé l'hypothèse Gaïa : la Terre et la biosphère constituent un ensemble régulateur qui lutte et résiste de lui-même contre les excès risquant de le dégrader[4]. Cette idée peut passer pour la version euphorique de l'écologisme par rapport à la version pessimiste du Club de Rome. Ainsi, par exemple, Lovelock pense que Gaïa dispose de régulations naturelles contre la croissance de l'oxyde de carbone dans l'atmosphère, et trouverait d'elle-même des moyens naturels pour lutter contre les trous d'ozone apparus aux pôles. Cependant, nul système, même le mieux régulé, n'est immortel, et un organisme, même autoréparateur et autorégénérateur, meurt si un poison le touche à son point faible. C'est le problème du talon d'Achille. Aussi la biosphère, être vivant, même si elle n'est pas aussi fragile qu'on aurait pu le croire, peut être frappée de mort par l'action humaine.

L'idée Gaïa repersonnalise la Terre, à un moment où, depuis vingt ans, c'est toute la planète Terre, dans ses profondeurs et son existence physique, qui est entrée dans l'ère des sciences systémiques : les sciences de la Terre ont fait leur jonction dans les années soixante. Ces sciences multiples (climatologie, météorologie, volcanologie, sismologie, géologie, etc. ne communiquaient pas les unes avec les autres. Or les explorations de la tectonique des plaques sous-marines ont ressuscité l'idée de dérive des continents, lancée par Wegener au début du siècle, et ont révélé que l'ensemble de la Terre cons-

4. James Lovelock, *La Terre est un être vivant. L'hypothèse Gaïa*, Paris, Le Rocher, 1986.

tituait un système complexe, animé par des mouvements et transformations multiples ; dès lors, on peut concevoir la Terre comme un être vivant non pas au sens biologique, avec un ADN, un ARN[5], etc., mais dans le sens auto-organisateur et autorégulateur d'un être qui a son histoire, c'est-à-dire qui se forme et se transforme tout en maintenant son identité.

L'âge de fer de l'ère planétaire

Ainsi il existe un système organisé nommé Terre, il existe une biosphère avec son autorégulation et son auto-organisation. Nous pouvons associer la Terre physique et la Terre biologique et considérer, dans sa complexité même, l'unité de notre planète. Or cette unité, elle s'était reconstituée à l'échelle humaine depuis la découverte de l'Amérique : Christophe Colomb avait fait entrer l'humanité dans l'ère planétaire. Depuis cette époque, l'humanité, diasporée au cours de soixante mille ans d'évolution, s'est trouvée en intercommunication de plus en plus étroite. Mais, en même temps que des solidarités nouvelles, se sont multipliés les antagonismes et les asservissements. Dans ce sens, nous sommes encore dans l'âge de fer de l'ère planétaire. Pour le meilleur et le pire, tout ce qui advient dans une partie du globe a une

5. Les ARN, ou acides ribonucléiques, sont des copies quasi conformes des séquences génétiques portées dans les chromosomes par les molécules d'ADN (acide désoxyribonucléique).

portée planétaire. De plus en plus, tout devenir local est en interétroaction, dans et avec le contexte global.

Enfin, dans ces années soixante-soixante-dix, qui ont vu à la fois l'essor de la science et de la conscience écologiques et celui des sciences de la Terre, la perte de l'Absolu et celle du Salut terrestre, la conscience enfin de l'itinérance humaine, les découvertes astrophysiques nous dévoilent un cosmos inouï, où la Voie lactée n'est plus qu'une petite galaxie de banlieue, où la Terre elle-même n'est plus qu'un micron perdu. L'histoire humaine, sur la planète Terre, n'est plus téléguidée par Dieu, la science, la raison, les lois de l'histoire. Elle nous fait retrouver le sens grec du mot « planète » : astre errant.

Notre Terre-patrie

Nous savons désormais que la petite planète perdue est plus qu'un habitat : c'est notre maison, *home*, *heimat*, c'est notre matrie et, plus encore, c'est notre Terre-patrie. Nous avons appris que nous deviendrions fumée dans les soleils et glace dans les espaces. Certes, nous pourrons partir, voyager, coloniser d'autres mondes. Mais c'est ici, chez nous, qu'il y a nos plantes, nos animaux, nos morts, nos vies. Il nous faut conserver, il nous faut sauver la Terre-patrie. C'est dans ces conditions que peut s'opérer en nous la convergence de vérités venues des horizons les plus divers, les unes des sciences, les autres des humanités, d'autres de la foi, d'autres de l'éthique, d'autres de notre conscience de vivre l'âge de fer planétaire.

C'est désormais sur cette Terre perdue dans le cosmos astrophysique, cette Terre « système vivant » des sciences de la Terre, cette biosphère-Gaïa, que peut se concrétiser l'idée humaniste de l'époque des Lumières, qui reconnaît la même qualité à tous les hommes. Cette idée peut s'allier au sentiment de la nature de l'ère romantique, qui retrouvait la relation ombilicale et nourricière avec la Terre-mère. En même temps, nous pouvons faire converger la commisération bouddhiste pour tous les vivants, le fraternalisme chrétien et le fraternalisme internationaliste – héritier laïque et socialiste du christianisme – dans la nouvelle conscience planétaire de solidarité qui doit lier les humains entre eux et à la nature terrestre.

PLANÈTE EN DANGER

(*Le Nouvel Observateur*, octobre 1990)

L'ère planétaire commence à la fin du XVe siècle avec la découverte, par les Européens, d'un continent peuplé de cultures inconnues et de dieux inconnus. L'unité microbienne du monde se réalise aussitôt. Le tréponème pâle traverse l'Atlantique, se répand en Europe, et en sept ans atteint la Chine par la route des caravanes tandis que notre bacille de Koch se rue sur les populations indiennes d'Amérique. Le tabagisme se répand en Europe et l'alcoolisme frappe l'Amérique. Les pommes de terre, tomates, maïs se répandent dans l'Ancien Monde, le cheval, le blé, le café dans le Nouveau. Un réseau de plus en plus serré d'échanges et de communications se tisse sur la planète. La mondialisation s'amplifie au XIXe siècle, avec le déferlement de l'Europe colonialiste sur l'ensemble du globe. Elle se déchaîne au XXe siècle dans et par deux guerres mondiales. L'économie est mondialisée. Le marché est mondial. Le capitalisme est international. L'écologie est devenue un problème planétaire. La Terre dans sa globalité a été filmée et l'« orange bleue » est projetée sans cesse sur les écrans de télévision aux regards de tous les humains.

Aujourd'hui, chacun d'entre nous est comme le point singulier d'un hologramme et il contient, dans une certaine mesure, le tout planétaire qui le contient. Ainsi, chaque matin, je prends mon thé qui vient du Yunnan ou mon moka qui vient d'Éthiopie, j'écoute ma radio japonaise qui m'offre les événements du monde entier, je mets mon slip et ma chemise de coton égyptien ou indien confectionnés à Taïwan ou en Corée, je prends mon journal dont le papier est fait avec du bois de Norvège ou du Brésil, j'écoute un disque où une chanteuse noire interprète la Japonaise Butterfly de l'Italien Puccini. Au déjeuner et au dîner les pomelos de Californie ou d'Israël, les ananas et mangues d'Afrique, les bananes de Martinique, les haricots verts du Kenya, le riz du Pakistan se retrouvent à ma table. L'Africain dans sa brousse ou dans son bidonville n'est pas non plus isolé : l'Occident est en lui ; il subit les effets de la monoculture, de l'urbanisation, du système économique occidental, et il peut de moins en moins échapper aux modèles d'habitat, de consommation du monde blanc. Pourtant l'unité planétaire est déchirée, convulsive. Les solidarités sont conflictuelles et les conflits sont solidaires les uns des autres. Le conflit du Golfe révèle la dépendance du monde à l'égard des gisements de pétrole du Koweït. Il nous révèle également que les interactions entre religions, ethnies, races, nations sont plus que jamais mortifères.

Dans ces conditions, les guerres de l'ère planétaire sont des guerres intestines. Comme dans une maladie auto-immune où les cellules d'un même organisme n'arrivent pas à se reconnaître comme sœurs et se font la guerre en ennemies, les composantes de l'organisme planétaire continuent à vouloir s'entre-détruire. Nous sommes bien dans l'âge de fer planétaire. Une conscience planétaire est certes non suffisante, mais elle est nécessaire pour sortir de cet âge de fer.

La conscience planétaire ne doit pas être seulement la conscience de l'ère planétaire. Elle doit porter en elle la convergence de plusieurs prises de conscience : la conscience anthropologique, la conscience écologique, la conscience tellurique, la conscience cosmique.

La conscience anthropologique s'est renouvelée depuis que la préhistoire a reconnu l'unité originelle d'*Homo sapiens*, d'où se sont différenciées races et ethnies, et depuis que la biologie révèle l'unité fondamentale, génétique, cérébrale, psychique, du genre humain. C'est il y a plusieurs dizaines de milliers d'années qu'a commencé la diaspora planétaire de l'humanité, chaque fragment s'enfermant en lui-même dans son langage, ses mythes, ses rites et monopolisant pour lui-même la qualité d'homme. Il nous faut donc abandonner l'idée que les races et les cultures séparent originellement les hommes et il faut reconnaître le cordon ombilical commun. Il faut savoir que l'ère planétaire met fin à la diaspora humaine, et qu'elle nous permet de retrouver et d'accomplir l'unité humaine, à travers justement la diversité des cultures.

La conscience écologique, elle, nous fait abandonner l'idée que notre environnent est fait d'éléments, de choses, d'espèces végétales et animales, manipulables et asservissables impunément par le génie humain. Elle nous révèle que l'ensemble des interactions entre les êtres vivants au sein d'un site géophysique constitue une organisation spontanée ayant ses régulations propres, l'écosystème, et que les écosystèmes sont englobés dans une entité d'ensemble, auto-organisée et autorégulée, qui forme la biosphère. Elle nous indique que la croissance industrielle, technique et urbaine incontrôlée tend non seulement à détruire toute vie dans des écosystèmes locaux, mais aussi et surtout à dégrader la biosphère et à menacer finalement la vie elle-même, y compris humaine, laquelle fait partie de la biosphère. Elle nous enseigne du même coup que la menace mortifère est de nature planétaire et, dans ce sens, la conscience écologique est une composante de la nouvelle conscience planétaire.

La conscience tellurique complète la conscience écologique. Depuis que, dans les années soixante, les sciences de la Terre ont pu s'entre-articuler les unes aux autres, nous pouvons savoir que la Terre n'est pas une boule de billard cosmique, c'est un système complexe auto-organisateur et autorégulateur ayant sa vie propre, son histoire singulière, son devenir évolutif.

Ainsi, l'humanité est dans la biosphère, dont elle fait partie. La biosphère enveloppe la planète Terre dont elle fait partie. La planète Terre avec sa biosphère et son humanité constitue un ensemble complexe. Nous ne sommes pas des êtres surnaturels, nous sommes des enfants de la vie. Nous nous en sommes différenciés jusqu'à nous en croire étrangers, mais nous ne pouvons ni ne devons nous en séparer, si nous voulons continuer l'aventure humaine.

Enfin, la conscience cosmologique nous permet de situer notre planète dans le cosmos. Nous ne sommes plus dans l'univers de Copernic ni de Laplace. Le monde n'est plus cette machine déterministe parfaire animée par un mouvement perpétuel. Une révolution beaucoup plus considérable que la révolution copernicienne s'est accomplie il y a environ vingt-cinq ans. Après Copernic, la Terre rétrogradée au troisième rang cosmique demeurait toutefois proche du centre de l'univers, son Soleil. Aujourd'hui, le Soleil est un petit astre de banlieue, aux frontières d'une galaxie périphérique, dans un cosmos dépourvu de centre et où les galaxies s'éloignent vertigineusement les unes des autres. Notre Terre n'est plus qu'une minuscule planète perdue dans un gigantesque cosmos où grouillent par milliards étoiles et galaxies. C'est une petite planète tiédasse dans des espaces sans fin où règne un froid de glace, sauf en la fournaise des étoiles où règne un feu désintégrant. Ce cosmos s'est, paraît-il, formé dans une déflagration initiale à partir de quoi il a commencé à la fois à se désintégrer et à s'organiser. Va-t-il vers la dispersion ? Vers la recontraction ? D'où venons-nous ? Où allons-nous ? Y a-t-il quelque finalité dans l'univers ? Notre venue au monde a-t-elle un sens ? Sommes-nous seuls dans l'immensité de milliards d'années-lumière ? Pourquoi sommes-nous devenus si étrangers dans ce cosmos dont nous sommes les enfants ? Nous sommes aujourd'hui plongés dans ces incertitudes et condamnés à vivre avec ces énigmes.

Mais dans ces incertitudes, nous savons désormais que la Terre est notre *home*, notre maison commune, notre patrie. C'est le seul habitat aimable, convivial, avec ses rivières, ses bois, ses montagnes, ses fleurs, ses animaux, la diversité de ses espèces, la diversité de nos cultures, la diversité des humains. *Nous sommes chez nous*. Toutes ces prises de conscience se fondent sur des connaissances récentes ; c'est à partir des mêmes années soixante que le développement des sciences biologiques, des sciences de la préhistoire, de la science écologique, des sciences de la Terre et enfin de l'astrophysique et de la cosmologie nous a permis de nous percevoir, resituer et concevoir de façon révolutionnée dans la sphère de la vie, sur la Terre, dans le monde. C'est de façon synchrone que la Terre a été objectivée sur nos écrans de télévision. La plupart des humains ne sentent encore que superficiellement et sporadiquement leur citoyenneté terrestre ; la plupart des scientifiques, enfermés dans leurs spécialités parcellaires, en sont également inconscients ; la plupart des philosophes demeurent superbement ignorants de ce que les sciences disent du monde. Nous n'avons pas encore accomodé notre vision du monde au monde.

Notre idée de l'homme n'a pas encore trouvé sa place étrange et complexe, elle oscille entre la vision philosophique qui en fait le seul sujet dans un monde d'objets et la vision scientiste qui ignore l'esprit humain. Il nous faut un formidable effort d'accommodation. Il faut abandonner à jamais la pseudo-mission de maîtriser la conquête de la nature que Descartes comme Marx avaient assignée à l'humanité, comme si nous étions totalement étrangers à cette nature. Il ne s'agit plus de domination de la planète, mais d'aménager un condominium où coopèrent les puissances organisatrices et régulatrices inconscientes de la nature et les aptitudes organisatrices conscientes de l'homme. Il nous faut un double pilotage homme-nature.

Il nous faut abandonner aussi l'idée, encore répandue il y a vingt-cinq ans, que nous avions enfin trouvé la formule de la bonne société et du vrai développement, que nos sciences de l'homme et de la nature étaient quasi achevées et que nous avions atteint la véritable conscience. Au contraire, les pseudo-solutions dites soviétiques nous ont fait régresser, nous allons comprendre bientôt que le système triomphant de l'Ouest va révéler ses carences, que ces solutions vont poser des problèmes plus graves que ceux qu'elles ont résolus, que nous allons arriver à une crise ou à une impasse civilisationnelle. Nous allons de plus en plus comprendre que non seulement les recettes de développement du tiers-monde, mais aussi que notre développement matériel, technique, économique produisent un sous-développement mental, psychologique, moral. Nous allons comprendre en somme que c'était notre conception du développement qui est sous-développée. Nous voyons également que non seulement nos sciences humaines demeurent sous-scientifiques et sous-philosophiques, mais que les sciences de la nature sont dans un véritable recommencement.

Alors il nous faut bien considérer que nous sommes encore en la préhistoire de l'esprit humain et toujours en l'âge de fer planétaire. Nous sommes en une ère agonique, de mort et de naissances. Comme jamais les menaces convergent sur notre planète, sa biosphère, ses êtres humains, ses cultures, notre civilisation.

Le plus tragique, ou comique, est que toutes ces menaces nouvelles (désastres écologiques, anéantissement nucléaire, manipulations technoscientifiques, etc.) viennent des développements mêmes de notre civilisation.

Le problème de maîtriser la planète n'a aucun sens. La Terre ne nous appartient pas, c'est nous qui lui appartenons. Nous sommes apparemment devenus ses souverains. Nous sommes en réalité réciproquement souverain l'un de l'autre.

Il s'agit aujourd'hui de contrôler le développement incontrôlé de notre ère planétaire. La Terre-patrie est en danger. Nous sommes en danger, et l'ennemi, nous pouvons enfin le comprendre aujourd'hui, n'est autre que nous-mêmes.

ÉNERGIE, ÉCOLOGIE, SOCIOLOGIE
de la politique de l'énergie à la politique de civilisation

(débat national « Énergie 2003 »)

ÉNERGIE

Le contexte planétaire

La planète dans son ensemble connaît un accroissement de la demande d'énergie, surtout dans les pays en cours de croissance techno-industrielle. Elle dispose encore de ressources fossiles importantes (charbon, gaz, pétrole) mais qui sont limitées, et de plus – en ce qui concerne charbon, pétrole et gaz – polluantes. Elle dispose encore de réserves en bois, mais qui sont menacées par les déforestations. Elle dispose diversement de ressources hydrauliques. Le développement des énergies renouvelables (éoliennes, solaires, marémotrices) n'en est qu'à ses débuts. Le développement de l'énergie nucléaire y est très inégal et pose des problèmes de sécurité.

Du fait même du développement techno-industriel, des nouveaux besoins de civilisation, et de la croissance démographique, la planète subit la gravité croissante des menaces sur la biosphère, qui sont rétroactivement des menaces sur l'humanité même. D'où les conférences de Rio, Kyoto, Johannesburg, qui confirment les diagnostics alarmistes sans encore imposer les processus réformateurs.

En dépit de vastes zones de sous-consommation et de misère que suscite le développement même, nous sommes emportés dans une civilisation de la production/consommation sans frein.

Plus profondément, c'est tout le dynamisme d'une civilisation, issue de l'Occident, comportant les développements non stop de la science, de la technique, de l'industrie, de la production, de la consommation qui se trouve en manque de régulations. Ce dynamisme peut être assimilé à un *feed-back* positif, déchaînement de caractère désintégrateur s'il ne trouve pas ses contrôles et ses régulations. *C'est bien ce processus qu'a provoqué et provoque le « développement » et qu'essaie de réguler la notion de développement durable.*

De plus, le caractère aléatoire du contexte planétaire doit nous apparaître de plus en plus clairement. La canicule de l'été 2003 nous fait pressentir le complexe de perturbations énergétiques, humaines, sanitaires, économiques, sociales que déterminerait un réchauffement climatique de notre zone tempérée. À ce contexte écologique déréglé s'ajoutent un contexte économique problématique et un contexte géopolitique dangereux et incertain où s'exaspèrent les antagonismes.

Une coopération mondiale est désormais nécessaire pour tous les problèmes fondamentaux, dont évidemment les problèmes énergétiques. Ainsi, nous pouvons déjà constater que l'élaboration d'une centrale expérimentale pour réaliser la fusion nucléaire exige la collaboration de l'Europe, des États-Unis, de la Russie et de la Chine.

Nous devons toujours considérer le contexte planétaire au moment de concevoir une politique énergétique.

Le contexte européen

La situation énergétique nationale doit être située au sein du contexte européen. Celui-ci subit les mêmes aléas planétaires et comporte une interdépendance européenne spécifique. Il comporte les directives de l'Union européenne (comme par exemple d'arriver en à 21 % de production d'énergies renouvelables) ; il comprend des multiples et riches expériences de nos partenaires européens, notamment la Belgique, le Danemark, l'Allemagne, le Luxembourg, l'Espagne, dans les domaines de la réhumanisation des villes, dans celui des énergies renouvelables, et dans la diversité des politiques nucléaires, dont celles de sortie du nucléaire engagées par la Belgique et l'Allemagne.

Il est nécessaire d'envisager une confrontation et un échange des expériences, de développer une politique européenne commune où l'interdépendance assure l'indépendance commune.

Conditions du problème français

La France subit une dépendance énergétique à plus de 40 % à l'égard de sources lointaines et aléatoires.

Les pollutions et nuisances issues des multiples utilisations du pétrole menacent notre environnement et la qualité de nos vies.

Les énergies renouvelables (géothermiques, éoliennes, solaires, marémotrices) y sont sous-développées, inhibées probablement par le grand développement nucléaire.

La France doit affronter la disparition prévisible des énergies fossiles ainsi que les aléas et incertitudes de tous ordres pour le futur.

Enfin, les divers problèmes apparus lors de la canicule et de la sécheresse de l'été 2003 ont pu révéler les points faibles de nos dispositifs : la lenteur de la réaction à l'événement (comme il était déjà arrivé pour le sang contaminé) montre de graves inerties administratives et politiques ; l'alimentation des centrales hydrauliques a été affectée par la sécheresse et le fonctionnement des centrales nucléaires a été affecté par la chaleur.

D'où, selon le double impératif de l'autonomie énergétique nationale et de la réduction des nuisances et pollutions, il importe de réduire les énergies importées (pétrole, charbon).

On peut indiquer ici de premières économies souhaitables dans les conditions actuelles : limitations de la climatisation, suppression progressive du chauffage électrique, limitation des températures des logements et bureaux, réglage des périodes de chauffage en fonction de la température extérieure et non de programmes saisonniers, développement de la cogénération.

À noter déjà que certaines économies nécessiteraient un important changement de comportement des usagers (notamment en ce qui concerne l'emploi des voitures) et que d'autres nécessiteraient d'importants grands travaux, notamment créer les voies pour les ferroutages nord-sud, transalpins et transpyrénéens (5,5 millions de camions dépensent 95 % de pétrole et émettent 35 % du gaz carbonique), ou encore créer des ceintures de parking autour des villes.

Enfin il y a la *nécessité de développer les énergies renouvelables*. Celles-ci doivent être considérées non seulement chacune dans leur spécificité propre, mais aussi comme un ensemble où il faudrait associer et combiner autant que possible l'éolien, le solaire, le photovoltaïque, le géothermique, le marémoteur. Notons déjà le grand développement de ces énergies en Espagne (où les éoliennes doivent atteindre 46 % du potentiel total en 2011) et en Allemagne. Dans ce sens il faudrait examiner les possibilités de développer les sources diverses de biocarburants, ainsi que les utilisations de la biomasse, que pourrait procurer un programme de reforestations.

La perspective temporelle

Enfin, il nous faut introduire une perspective temporelle à longue portée.

Il faut distinguer pour les décennies à venir le prévisible, le probable et l'incertain, en tenant compte que très souvent l'inattendu arrive.

Ainsi nous pouvons prévoir la disparition à terme des énergies fossiles, mais nous ne pouvons prévoir quand nous pourrons domestiquer la fusion nucléaire, opérer la séquestration du CO_2, remplacer l'essence automobile.

Par ailleurs la durée des effets néfastes des déchets nucléaires se poursuivrait en milliers, voire millions d'années, alors qu'on ne peut envisager de prévision ou contrôle au-delà d'un siècle. Toutefois on ne peut exclure que l'on puisse trouver des moyens de supprimer la nocivité des déchets radioactifs, par exemple en créant des centrales alimentées par ces déchets eux-mêmes.

Nous sommes simultanément devant un avenir écologique menacé et un avenir climatique inquiétant.

Nous sommes devant un futur historiquement incertain, sur lequel planent des menaces mortelles mais qui porte des espérances jusqu'alors inconnues.

Aussi la prospective énergétique pour les années à venir doit être accompagnée d'une prospective à plus longue échéance, où soient envisagés les grands progrès possibles en même temps que les grands dangers éventuels. Ce qui nous conduit à combiner le principe de prudence (dans les sécurités) à celui de hardiesse (dans les investissements et la recherche des solutions futures).

Ainsi donc, pour nous situer dans le temps :

– la fusion nucléaire résoudrait bien des problèmes, mais le premier réacteur de recherche (ITER) ne serait prêt que dans une vingtaine d'années ;

– les voitures hybrides ne sont qu'à leur stade préliminaire, mais pourraient connaître un grand développement dans les prochaines décennies ;

– l'utilisation utile et sans danger de l'hydrogène à des fins énergétiques est une possibilité que l'on ne peut encore dater ;

– la formule de séquestration du CO_2 n'a pas été trouvée.

Dans ces incertitudes il importerait de développer au maximum les énergies renouvelables et les centrales de cogénération, et d'investir fortement sur les nouvelles sources d'énergie.

Le grand et difficile problème est d'assurer une soudure énergétique jusqu'à ce qu'il y ait emploi satisfaisant des énergies renouvelables, qu'apparaisse l'utilisation économique de l'hydrogène, qu'apparaisse la fusion nucléaire.

Aussi la réponse aux principaux problèmes énergétiques passe par un investissement massif sur la recherche et le développement, notamment dans les secteurs où ils sont sous-développés ou négligés : la recherche sur les énergies renouvelables dispose de moyens cinquante fois plus faibles que le nucléaire (on peut se demander si l'investissement sur EPR – 2 à 3 milliards d'euros – se fait au détriment d'investissements sur le renouvelable). La recherche doit viser à améliorer performances et rendement des éoliennes, de la géothermie, du solaire ; elle doit envisager le développement des éoliennes *off-shore*, et l'utilisation de l'énergie des vagues et des marées. Elle doit viser à trouver les meilleures techniques, pour gazéifier le charbon. Elle doit aspirer à trouver les techniques de captage du CO_2 (et en attendant on peut envisager la reforestation des terres en friche). Elle doit s'investir également sur la viabilité des voitures de type hybride (électricité, essence) en préparant le nouveau type de voiture qui se passerait de l'essence.

La problématisation du nucléaire

Le nucléaire est pour la première fois officiellement problématisé. Cette problématisation se pose dans une perspective d'avenir comportant les incertitudes indiquées ci-dessus.

Le nucléaire présente des avantages (pas de pollution dans l'atmosphère), des inconvénients (nécessité d'une très grande sécurité) et des risques (accidents graves improbables mais possibles, cibles idéales d'attentats, rayonnement radioactif des déchets).

Il y a des protections fiables seulement à court et moyen terme pour les déchets radioactifs à très longue durée-de rayonnement. Toutefois, avons-nous dit, une centrale pourrait être alimentée par les déchets radioactifs et ainsi éliminer leur nuisance.

À l'inverse, les nouvelles menaces d'attentats pourraient menacer des centrales (la chute d'un avion sur la Hague déclencherait un Tchernobyl multiplié par 6) ; un réchauffement climatique perturberait le fonctionnement des centrales en période de canicule.

Il y a aussi dépendance du nucléaire à l'égard de l'étranger : uranium nigérien et canadien (l'exploitation de la mine d'uranium canadienne a été suspendue à la suite de fortes inondations).

Le nucléaire est ainsi soumis à des risques spécifiques et désormais à des menaces externes.

Aussi, les centrales actuelles ne devenant obsolètes qu'en 2020, il semble inutile de décider d'une nouvelle centrale EPR avant 2010. L'incertitude actuelle ne permet pas d'être assuré qu'EPR conçu dans les années quatre-vingt sera la filière de l'avenir. Un temps de réflexion de huit ans me semble nécessaire.

SOCIÉTÉ

Le complexe social

L'énergie nous pose non seulement directement des problèmes techniques et économiques, mais aussi indirectement les problèmes de transport, de l'habitat, de la production, de la consommation, de la ville, du mode de vie. Elle nous amène à considérer des problèmes clés de société. La société est un complexe dans le sens où le mot « complexus » signifie « ce qui est tissé ensemble » et, si nous suivons les fils énergétiques, nous arrivons au complexe d'ensemble.

Ce complexe comprend les comportements et finalités individualistes qui marquent nos habitudes de vie, nos genres de vie, nos styles de vie, c'est-à-dire notre vie quotidienne et personnelle.

Il nous faut donc nous situer dans le complexe :

économie →écologie →société →civilisation →politique
↑.......<.......↓......<.......↓.......<.......↓.....<......↓

Dire complexe signifie enfin que nous devons toujours considérer les données particulières en relation avec l'ensemble dont elles font partie, et de même considérer l'ensemble toujours en relation avec les parties. Il faut éviter les expertises compartimentées et envisager des expertises capables de situer leur objet dans son contexte.

Enfin, ce complexe comporte en lui des problèmes de civilisation, puisque ce qui caractérise notre civilisation, c'est le développement ininterrompu de son caractère technique-économique-industriel, qui comporte la croissance ininterrompue des besoins, productions et consommations, dont la croissance de la consommation énergétique. Nous commençons seulement à prendre conscience que cette consommation comporte des gaspillages et dilapidations, et qu'elle détermine des dégradations et des raréfactions ; nous devons prendre conscience que cette situation nécessite des innovations et des réformes dans tous les domaines.

En effet, au-delà d'un certain seuil la modification de nos comportements énergétiques signifie modifications dans nos genres et modes de vie, dans les transports, l'habitat, la consommation, la ville.

Transports

C'est dans le domaine des transports qu'il y a à la fois la plus grande dépendance énergétique et la plus grande pollution matérielle.

D'où la nécessité de diminuer les transports polluants :

– développement du réseau TGV pour diminuer les transports en avion et les transports en voiture ;

– développement de l'usage des canaux ;

– ferroutage pour les camions (dans l'urgence Lyon-Turin, centre-Pyrénées).

D'où la nécessité de réguler la circulation urbaine :

– ceinture de parkings autour des villes et des centres-ville (modèle Fribourg) ;

– piétonnisation des centres-ville avec privilège des transports publics de préférence électriques (tramways) et réintégration de la bicyclette ;

– incitation au covoiturage.

Habitat

Cette problématique nous amène à concevoir ensemble et non de façon séparée les énergies renouvelables (éolienne, solaire, photovoltaïque, géothermique et, dans le cas de sources ou rivières privées, hydraulique) puisque celles-ci, de façon complémentaire et combinée, doivent tendre à assurer chauffage et éclairage de l'habitat.

Une politique de l'habitat devrait donc tendre à favoriser à la fois le développement de chacune de ces énergies et leur combinaison (actuellement, l'installation d'un chauffage géothermique est d'un coût immédiat trop élevé comparé au chauffage électrique alors que son amortissement dans le temps en termes de coût mais aussi de respect de l'environnement est assuré ; il faut alors prévoir des mesures fiscales pour favoriser ces équipements). Elle devrait du même coup favoriser la cogénération.

Elle devrait considérer les exemples étrangers (ex. 100 000 panneaux solaires en Allemagne, 5 000 en France), donner la liberté de produire son électricité domestique. Imposer certaines économies, dont la réduction progressive du chauffage électrique, le double vitrage, la limitation de la climatisation, la mise en marche des chauffages d'immeuble en fonction de la température extérieure et non de la date préfixée.

Ville-Campagne

Le problème de la ville a déjà été abordé par le biais de celui des transports et de celui de l'habitat. Ici il faut affronter de front le problème des mégapoles où la ville en tant que telle est étouffée sous l'agglomération informe.

Une politique de désengorgement, par piétonisation et développement des transports publics non polluants dans les centres-ville a déjà été évoquée. Disons de plus qu'il faut envisager la démégapolisation, au profit des villes moyennes et repeuplement des villages et bourgs. Les villages mourants peuvent être revitalisés par l'installation de boulangeries, bistros, artisanats, l'installation de retraités jeunes, le développement du télétravail. *Ici se dégage le double et corrélatif problème de l'humanisation des villes et de la revitalisation des campagnes.*

La tendance à la concentration scolaire et hospitalière, inspirée par des motivations économiques purement quantitatives, devrait être inversée.

CIVILISATION

Les problèmes de société sont en même temps des problèmes de civilisation. Les progrès de notre civilisation ont engendré des bienfaits, mais ils comportent des effets de plus en plus négatifs. Commençons par envisager un certain nombre *d'intoxications civilisationnelles* qui contribuent grandement au gaspillage énergétique, à la dégradation écologique et corrélativement à la dégradation des conditions de vie.

L'intoxication automobile

La voiture particulière est une conquête de notre civilisation, d'autant plus largement répandue qu'elle répond aux besoins d'autonomie des individus, à leurs aspirations de mobilité, elle symbolise liberté, confort, puissance (un léger mouvement de pédale déclenchant une formidable énergie). Elle est dans ce sens inséparable de la qualité de la vie. Mais en même temps, l'usage intempérant de la voiture (Paris utilise à 65 % la voiture alors que Barcelone et Berne l'utilisent à 35 %), conduit aux paralysies de circulation. L'intoxication automobile transforme les besoins légitimes de mobilité en bougeotte. L'excès automobile détruit la qualité de la vie : les embouteillages autour et dans les villes, les recherches de stationnement, les pertes de temps, les pollutions innombrables, l'agressivité que déclenche la maîtrise d'une puissance énergétique au sein de la carapace d'une carrosserie close. Il y a donc non seulement les jouissances, mais aussi les désagréments et les effets pervers provoqués par l'intoxication automobile qui doit être traitée comme les autres formes d'intoxication, pas seulement par la pénalisation, mais aussi par la cure piétonne, vélocipédique et par les transports collectifs.

L'intoxication consumériste

La plus grande consommation d'énergie vient des biens de consommation. Tout en comportant des zones de pauvreté et de sous-consommation, notre civilisation, avec l'appoint des incitations publicitaires qui enveloppent de mythe et de rêve les produits de faible utilité, pousse à la surconsommation que l'on a nommé « consumérisme ». Le consumérisme est stimulé par l'obsolescence rapide des produits, la promotion du jetable au détriment du durable, la succession des modes, l'incitation permanente au nouveau, le souci individualiste de statut ou « standing », et aussi par les frustrations psychologiques et morales qui trouvent une consolation passagère dans l'achat et l'abus de boissons, nourritures, objets, gadgets.

D'où la difficulté mais aussi la nécessité d'une *tempérance consommatrice* qui pourrait prendre de multiples aspects :

– promouvoir la finalité qualitative, qui inciterait à la recherche et aux plaisirs de la qualité plutôt que de la quantité ; promouvoir une éducation à la qualité dans le choix des produits et aliments, vérifier les indicatifs de qualité (labels, appellations contrôlées, etc.) ;

– encourager la prise de conscience que la recherche éperdue de satisfactions matérielles vient souvent de profondes insatisfactions psychiques et morales ;

– favoriser les mouvements de réforme de vie qui sont des mouvements de recherche de qualité de la vie.

Ainsi s'impose la nécessité d'une politique à visée à la fois énergétique, écologique et civilisationnelle dont on peut indiquer les premiers éléments au niveau de la consommation. Cette politique doit tendre non tant à des restrictions ou privations qu'à une lutte contre les dilapidations consuméristes et à une promotion hautement bénéficiaire des qualités aux dépens des quantités.

Elle devrait favoriser les recyclages des déchets, notamment de papier ; favoriser le renouveau des artisanats de réparation (cordonnier, horloger, ravaudeurs divers) ; favoriser le retour à la consigne plutôt qu'au jetage des bouteilles (ce qui est le cas en Allemagne), faire payer les sacs plastiques (ce qui est le cas en Irlande).

Elle devrait tendre à remplacer les hypermarchés de périphérie (gros consommateurs d'énergie) par des supermarchés de quartier et surtout *promouvoir le retour des commerces de proximité*.

Elle devrait favoriser le développement des mouvements de consommateurs, des comités d'éthique de la consommation, des réseaux de « commerce équitable » et surtout la production et l'usage des produits « bio ».

VERS UNE POLITIQUE DE CIVILISATION

À partir des impératifs de sécurité, d'autonomie, de sauvegarde écologique, et inséparablement de promotion de la qualité de la vie, pourra être définie une politique qui ne se bornerait pas à varier taxations, détaxations, contrôles.

Ce devrait être une politique où la restriction serait synonyme, non de privation, mais de tempérance, non de manque, mais de qualité. Elle comporterait une action persévérante contre les « intoxications » de civilisation et les dilapidations, pour les recyclages et pour la promotion du qualitatif par rapport au quantitatif.

Une telle politique, qui dépasse les simples économies et les simples aménagements, comporterait réorientation et réorganisation, concernant tous les secteurs de la vie sociale et individuelle. Ce serait une politique de réforme et d'éducation.

Cette politique réformatrice nécessiterait certes des dépenses considérables (grands travaux urbains, lourds investissements sur les transports ferroutage et sur l'habitat). Mais toutes ces dépenses seraient capables de relancer une activité économique en époque de stagnation et chômage, elles comporteraient à terme d'énormes économies dans les dépenses de santé. La réduction massive, sous l'effet d'une nouvelle politique urbaine, des asthmes, bronchites, fatigues, maux en fait sociopsychosomatiques, consommations d'antidépresseurs, drogues, somnifères, etc., ainsi que corrélativement le développement de la qualité de la vie, comporteraient une réduction continue du budget de la santé publique. Enfin, donner un sens politique à la qualité de la vie ouvrirait une espérance à une société aujourd'hui privée d'avenir.

Ici devrait s'inscrire une éducation de civilisation qui comporterait :

– *éducation à la consommation* (la compulsion de consommation, sa psychosociologie, comment choisir, comment considérer la publicité, éduquer à la qualité) ;

– *éducation à l'automobile* (à partir de l'analyse de l'intoxication automobile) ;

– *éducation au tourisme et rééducation aux randonnées* (montrant l'avantage d'un rythme de voyage qui permet de jouir des pays, des paysages et des cultures plutôt que des *inclusive tours* précipités).

Une nouvelle politique nécessiterait l'action conjointe de l'État, des collectivités publiques, des associations privées et des citoyens. Elle appellerait ce qu'un sociologue a appelé une « gouvernance de concertation ». *Elle nécessiterait de conjuguer la sociorégulation, l'écorégulation et l'ego-régulation.* Elle devrait affronter non seulement lobbies et corporatismes mais aussi apathie et indifférence. Elle appelle un éveil citoyen lequel se produirait par la prise de conscience des problèmes vitaux qui sont en jeu.

Une politique pourrait et devrait mettre en œuvre des moyens immédiats. Mais il s'agit d'une politique de longue haleine, qui dépasse l'horizon 2010. Au-delà de l'immédiat, il faut donc indiquer la voie.

Une telle politique demande de conjuguer prudence et hardiesse. Prudence pour garantir les sécurités, hardiesse pour promouvoir les réformes.

Ainsi la prise de conscience écologique concourt à la prise de conscience de la problématique de civilisation et l'une et l'autre incitent à une politique de société qui se confond avec une politique de civilisation.

Certes les développements techniques et économiques qu'ont connus les nations occidentales ont produit des bienfaits qui continuent de s'accroître. Les développements de l'individualisme ont produit les bienfaits du gain d'autonomie et de responsabilité personnelle. Tout individu porte en lui à la fois une propension égocentrique et une propension communautaire. Notre civilisation favorise non seulement l'individualisme, ce qui est une de ses vertus, mais aussi ses excès dans l'égocentrisme et l'hédonisme et elle désintègre les communautés concrètes. L'individualisme produit souvent solitude et égoïsme, et ses progrès se sont accompagnés de la régression des solidarités traditionnelles. Il y a aussi la désintégration du surmoi civique dans l'esprit de bien des individus. Quand il y a désintégration du tissu social, la société apparaît comme ennemie, et autrui devient antagoniste potentiel.

Le développement technique et matériel a produit un sous-développement psychique et moral, le bien-être a produit du mal-être, sans pour autant supprimer les zones d'anomie et de misère. Bien des maux psychosomatiques – dépressions, fatigues – ont une détermination ou surdétermination sociologique ou civilisationnelle. La difficulté à établir une relation authentique durable avec autrui et à s'insérer dans une communauté de destin relève d'un problème de civilisation.

Les produits pervers de notre civilisation cessent d'être des produits secondaires et deviennent parfois aussi importants que les produits principaux, d'où l'idée d'une crise de civilisation. Cette crise est invisible parce qu'on ne voit qu'une myriade de crises individuelles, qu'une myriade de problèmes disjoints les uns des autres.

Le problème est complexe puisque le mal-être mental et affectif est inclus dans notre bien-être matériel. Il s'agit de redécouvrir que la finalité de la vie est dans le bien-vivre et non dans le beaucoup avoir, dans la qualité, notamment des relations entre humains et non dans la quantité. Il s'agit de réorienter une culture quantitativiste vers une culture des qualités, au premier chef la qualité de la vie. Il s'agit d'épanouir l'individualité, en la complétant par la régénération des solidarités. La disparition des solidarités traditionnelles, l'égocentrisme individualiste, le déchaînement du profit, la pression de civilisation ont conduit non seulement à la surconsommation, et au gaspillage, mais aussi à la dégradation de la civilité et du civisme. La chimère de maîtrise totale du monde, encouragée par le prodigieux développement des sciences et des techniques, se heurte aujourd'hui à la prise de conscience de notre dépendance à l'égard de la biosphère et à la prise de conscience des pouvoirs destructeurs de la technoscience pour l'humanité elle-même. Comme la voie suivie jusqu'à présent nous conduit à l'aggravation de tous ces maux et périls, il s'agit par prises de consciences et réformes de changer de voie, de changer de modèle. Dès lors, le mot de développement, même sous sa forme adoucie de « durable », doit être problématisé.

AU-DELÀ DU DÉVELOPPEMENT ET DE LA GLOBALISATION

(Florence, Palazzo Vecchio, 18 novembre 2002)

La globalisation qu'on a commencé à désigner comme telle à partir des années 1990 n'est pas le début d'une histoire, mais c'est une étape. Et c'est l'ultime étape d'une histoire qui a commencé à la fin du XVe siècle, qui s'est développée à partir du XVIe siècle et qui est l'histoire de ce qu'on peut appeler l'ère planétaire. L'ère planétaire signifie que tous les fragments de la planète, tous les continents de la planète se trouvent désormais liés d'une certaine façon les uns aux autres. Cela a commencé avec la circumnavigation autour du globe et la conquête des Amériques. Et ce processus de planétarisation ne s'est pas seulement manifesté par la prédation, l'esclavage, la colonisation, mais aussi par d'autres processus comme la planétarisation microbienne, c'est-à-dire que les microbes de l'Amérique sont passés en Europe et en Asie et que les microbes européens sont passés en Amérique. Il y a une planétarisation végétale et animale puisque la tomate, la pomme de terre, le maïs sont entrés en Europe, et que le cheval et le blé sont entrés en Amérique. C'est une planétarisation des peuples, des populations avec des migrations d'Europe vers l'Amérique, mais aussi de Chine, d'Inde vers d'autres pays comme l'Afrique du Sud ou l'Australie. Et, donc, c'est un processus multiple. On peut dire que la mondialisation est un phénomène pluriel. Mais la colonisation, c'est-à-dire la domination du monde par quelques puissances d'Europe occidentale a été très dure et très longue ; la décolonisation ne s'est presque entièrement terminée qu'à la fin du XXe siècle, et, bien que terminée, la marque de la colonisation reste profonde sur des continents entiers, notamment l'Afrique noire. Il reste des inégalités gigantesques sur la planète, comme résidus de cette colonisation. Et la globalisation est l'ultime étape, que l'on peut dire techno-économique, qui se manifeste à partir de l'effondrement et de l'implosion des économies dites socialistes, en fait des économies bureaucratiques d'État, un marché mondial s'ouvre au capitalisme, qui connaît alors une formidable expansion sous l'égide de la pensée dite néolibérale ; en même temps la multiplication des communications grâce au téléphone portable, Internet, fax, etc., crée un véritable tissu technique et économique sur la planète.

En ce qui concerne la décolonisation, je voudrais indiquer un paradoxe. C'est que l'émancipation politique des peuples colonisés a commencé quand les colonisés ont pris en main les idées mêmes de l'humanisme européen ; le paradoxe est donc que l'Europe occidentale, qui a été le foyer de la domination la plus longue et la plus dure sur la planète, a été aussi le foyer des idées d'émancipation. Et ceci commence dès le XVIe siècle avec deux esprits : l'un, c'est le prêtre Bartolomé de Las Casas qui réussit à imposer l'idée que les Indiens d'Amérique ont une âme, sont des êtres humains comme les autres, bien que le Christ n'ait pas voyagé en Amérique ; l'autre est Montaigne qui dit que nous appelons « barbares » ceux qui n'ont pas la même civilisation que la nôtre et introduit la première autocritique de l'Occident par lui-même, autocritique continuée par Montesquieu et aujourd'hui par Lévi-Strauss et d'autres anthropologues. Ce sont les idées de l'humanisme européen (droit de l'homme, droit de la femme, droit des peuples, droit à la nation), ce sont ces idées-là mêmes qui ont permis l'émancipation des opprimés et des colonisés.

Par ailleurs le déchaînement de l'impérialisme européen a coïncidé avec une occidentalisation du monde : mondialisation et occidentalisation se renvoient l'une à l'autre. C'est-à-dire la science, la technique et l'industrie occidentales, le mode de pensée spécifique à la science, à la technique, à l'industrie se répandent ainsi que des modes de vie, des mœurs. Mais il y a des résistances des cultures surtout là où il y avait de très anciennes traditions nationales ou religieuses qui se referment à cette intrusion de la civilisation occidentale. Elles se referment sans pourtant rejeter l'utilisation des armes, des bombes, des techniques ; elles se referment sur leur identité ethnique, nationale et religieuse, ce qui fait que ce processus d'unification planétaire par la technique et par la civilisation produit une balkanisation planétaire, c'est-à-dire une résistance multiple, une re-fermeture sur les religions et sur les identités. Et, du reste, nous avons vu que l'époque de la globalisation qui commence en 1990 est l'époque où des nations composées, comme la Yougoslavie, se disloquent à partir des identités ethno-religieuses (Croatie, Serbie, Bosnie). Et nous voyons le processus aussi se déchaîner avec la décomposition de l'Union soviétique (Arménie, Azerbaïdjan). Nous voyons s'enflammer la guerre israélo-palestinienne. Nous voyons des guerres dites ethniques en Afrique. Bref, beaucoup d'indices nous montrent qu'en même temps que la planète s'organise, elle entre dans le chaos.

Le développement de la mondialisation techno-économique s'accompagne d'autres mondialisations. Il y a une petite mondialisation de la démocratie : autrement dit, des démocraties s'installent, remplacent des dictatures, pas seulement dans les pays qu'on appelait « démocraties populaires », mais dans de nombreux pays d'Amérique latine, voire d'Afrique. Évidemment, c'est une démocratisation fragile. Il y a les idées des droits humains qui elles aussi progressent. Il y a des mouvements humanistes, et je dirais même un civisme planétaire qui se développe à travers tant d'organisations non gouvernementales, comme Médecins sans frontières, comme Amnesty International, comme Survival International, comme Greenpeace, etc. Bref, il y a mondialisation de plusieurs domaines. Et même, il y a mondialisation de la mafia de la drogue et de la prostitution, de la Russie jusqu'en Argentine, et aujourd'hui la mondialisation du terrorisme d'al-Quaida. Alors, nous avons tous ces processus de mondialisation et je ne veux pas parler ici faute de temps des processus de mondialisation culturelle, des métissages multiples qui s'opèrent... Toutes ces mondialisations sont des points d'arrivée de cette planétarisation généralisée, mais il faut dire aussi qu'on peut les considérer comme des points de départ de quelque chose de nouveau, qui est l'aménagement d'infrastructures pour une « société monde », une société à l'échelle du monde qui, pourtant, n'arrive pas encore à naître. Que faut-il pour qu'il y ait une société ? Pour qu'il y ait une société, il faut qu'il y ait un territoire avec de multiples moyens et réseaux de communication. La planète est devenue un territoire irrigué par des moyens de communication rapides, certains quasi immédiats, comme Internet ou le téléphone. Pour qu'il y ait une société, il faut qu'il y ait une économie. Nous avons aujourd'hui une économie à l'échelle mondiale, mais malheureusement elle n'est pas contrôlée, elle n'est pas régulée, alors que dans les sociétés nationales les économies étaient contrôlées par du droit, par des règles, par des voies pénales, etc. Pour qu'il y ait une société, il faut qu'il y ait des systèmes de décision ou de pouvoir. Nous avons un embryon de système de décision, mais qui est infirme, ce sont les Nations unies. Il faut qu'il y ait un droit : mais le droit international n'est pas le droit planétaire ; nous avons une seule région qui soit un bien commun de toute l'humanité, c'est l'Antarctique. Il faut qu'il y ait des lois : il n'y a pas de lois. Il faut qu'il y ait conscience d'une communauté des destins : cette communauté des destins existe en fait. Elle existe parce que désormais nous avons des menaces mortelles sur toute l'humanité. La première menace est de destruction nucléaire, destruction qui peut s'accompagner aussi d'emploi d'armes bactériologiques ou chimiques. La deuxième menace est celle qui pèse sur la biosphère, c'est-à-dire ce milieu vivant dont nous dépendons, dont nos vies dépendent. Donc, nous avons un destin commun, mais rares sont les humains qui ont cette conscience. Il manque également la conscience d'une filiation commune. Or, nous savons scientifiquement que nous avons des ancêtres communs, que l'humanité s'est développée en tant que telle dans un processus d'hominisation qui a commencé il y a peut-être quatre ou cinq millions d'années. Nous avons une identité cérébrale et affective profonde à travers l'extraordinaire diversité des cultures et des individus. On pourrait parler de « patrie terrestre » et, du reste, j'ai écrit un livre qui s'appelle *Terre-patrie*, mais cette conscience évidemment n'est pas encore développée.

Il y a des tentatives pour créer des instances de contrôle, notamment sur la biosphère, puisqu'il y a eu les conférences de Rio, de Kyoto, de Johannesburg, mais cette prise de conscience ne s'est pas accompagnée de prise de décision, autrement dit il manque un système politique qui permettrait d'accomplir la « société monde ». Nous avons, si vous voulez, le hardware, c'est-à-dire l'infrastructure d'une « société monde », mais nous n'avons pas le software, c'est-à-dire la partie intelligente, consciente, organisatrice qui permette d'avoir une « société monde ». Et on peut même dire que le processus de globalisation, qui a permis l'émergence des ces infrastructures, est en même temps le même processus qui empêche la constitution d'une « société monde ». Donc, nous voici dans une situation tout à fait contradictoire, dont nous n'arrivons pas à sortir. D'un côté, un monde qui veut naître mais qui n'arrive pas à naître, mais en même temps cette naissance est accompagnée d'un chaos de déchaînement des forces de destruction ; ce qui est arrivé le 11 septembre 2001 n'est qu'un des éléments de ce déchaînement qui, nous le sentons tous, risque de s'amplifier. Alors, on arrive à cette idée qu'effectivement il y aurait un au-delà de la globalisation qui pourrait être une « société monde ». Mais cette « société monde », je le répète, n'existe pas et il ne lui manque pas seulement des institutions, mais une politique, une pensée politique. On aurait pu penser qu'après le 11 septembre, il y aurait eu une pensée politique possible. Mais en réalité il y a eu surtout l'idée d'une « *world policy* », d'une police à l'échelle mondiale, mais non pas d'une *world politic*, c'est-à-dire une politique à l'échelle mondiale qui, elle, aurait pu combattre non seulement les symptômes, mais aussi les causes profondes qui conduisent à cette désintégration de la politique dans la terreur, les attentats et les destructions civiles. Autrement dit, une politique d'une « société monde » pourrait répondre à une « terreur monde ».

Pour arriver à cette conception politique, je pense qu'il faut, je crois, repenser le concept de développement, y compris sous sa forme adoucie de développement « soutenable » nous disons platement en français « durable ». Et pourquoi faut-il problématiser l'idée de développement durable qui semble aujourd'hui évidente, admise par tous ? Certes, l'idée de développement soutenable apporte quelque chose de positif avec cette idée, de *soutenabilité*, qui tient compte premièrement de la biosphère, dont dépendent nos vies, et qui tient compte aussi du futur, c'est-à-dire de ce qui pourrait advenir à nos enfants. Donc, c'est une idée qui a une composante éthique importante. Mais cette composante éthique ne peut pas moraliser l'idée même de développement. Pourquoi ? Parce que dans notre développement, dont le noyau est techno-économique, il y a quelque chose d'anti-éthique. Effectivement, partout où il y a eu le développement technique, industriel, économique, nous avons assisté à la désintégration des communautés et des solidarités traditionnelles au profit de quelque chose de positif, c'est-à-dire les autonomies individuelles, au profit de l'individualisme. Mais il y a aussi des côtés sombres dans l'individualisme, c'est-à-dire l'égocentrisme et la soif du profit. Donc, cet individualisme n'a pas eu que des aspects positifs et, en plus, il a conduit à d'innombrables solitudes individuelles, parce que l'on n'a pas recréé de nouvelles solidarités et de nouvelles communautés. D'autre part, le développement instaure un mode d'organisation de la société et d'organisation de l'esprit où la spécialisation compartimente les individus les uns par rapport aux autres et ne donne à chacun qu'une part restreinte de responsabilité. Dans cette fermeture de la spécialisation on perd de vue l'ensemble, le global, et la solidarité de l'ensemble. Comme la solidarité et la responsabilité sont les deux sources de la morale, on peut dire que le développement a un caractère immoral, et du reste on voit que l'une des premières choses qui se développent dans les pays qu'on appelle « en cours de développement » c'est le phénomène de corruption généralisée dans les États, les administrations et l'économie. La deuxième critique du développement est que ce concept techno-économique fonctionne avec le calcul (des indices de croissance, des indices de prospérité) ; il ne fonctionne qu'avec le quantifiable. Or, le plus important dans la vie humaine est ce qui n'est pas quantifiable. On ne peut pas quantifier l'amour, on n'a pas encore créé une mesure de quantification de l'amour, qui serait le Cupidon, et ce qui ferait que chacun pourrait mesurer ses sentiments amoureux en disant « bon, moi je ressens 60 Cupidon pour telle ou telle personne ». Donc, il n'y a pas d'instruments de mesure de l'amour, de l'honneur, du sentiment, de la tristesse, de la joie. D'autre part, on peut dire que le développement, qui semble une vérité universelle, est en réalité pseudo universaliste, puisqu'il donne comme modèle universel le monde occidental. C'est un mythe du sociocentrisme occidental et c'est aussi un moteur d'occidentalisation forcené. Cela suppose que les pays, les sociétés développées, c'est-à-dire les sociétés occidentales, sont la finalité de l'histoire humaine Or, nos sociétés occidentales sont en crise ; notre propre développement a produit un certain sous-développement psychique et moral. Psychique, pourquoi ? Parce que nos esprits sont formés dans l'école et dans l'université à séparer les choses les unes les autres, en sorte que nous perdons l'aptitude à relier, et de là l'aptitude à penser les problèmes fondamentaux et globaux. De plus, nous sommes dominés par la logique purement économique et quantitative, c'est-à-dire qui ne voit comme perspective que justement la croissance et le développement et qui réduit tous les problèmes politiques aux problèmes quantitatifs.

Ajoutons que l'hyperspécialisation, l'hyperindividualisme, la perte de solidarité, tout ceci conduit dans nos sociétés à un mal-être, y compris dans le bien-être matériel. Et voici, donc, les solutions que nous voulons apporter aux autres sont devenues des problèmes pour nous. De plus, nous savons très bien que le développement économique est tout à fait compatible avec des dictatures : le Chili a connu un grand développement avec le général Pinochet et l'Union soviétique avec Staline. Donc, le développement lui-même est une vision très limitée, même sous forme soutenable. Enfin, la notion de sous-développement a quelque chose de péjoratif pour des sociétés où il y a des cultures traditionnelles et même archaïques, parfois encore sous forme orale, qui comportent des savoirs, des savoir-faire, des sagesses, des arts de vivre. Et, du reste, l'Occident ressent en lui un vide et un manque, puisque de plus en plus nos esprits désemparés font appel au yoga de l'Inde, au bouddhisme zen ; on essaie de trouver dans les apports des cultures et des sagesses d'autres continents des remèdes à notre vide aggravé par le caractère quantitatif de nos vies compétitives. Ceux qu'on appelle les sous-développés ont en eux-mêmes des trésors de culture ; bien entendu, ils ont aussi des superstitions, des illusions, mais nous-mêmes nous avons de nombreuses illusions. Nous avons eu l'illusion du progrès mécanique, automatique de l'histoire et nous avons perdu cette illusion au cours des quinze dernières années, quand nous avons commencé à comprendre que l'histoire n'allait pas vers un progrès assuré, mais vers une incertitude extraordinaire – personne ne sait ce que sera demain, personne ne peut dire si dans un mois nous sommes en guerre avec l'Irak ou non, personne ne peut dire ce qui sortirait de cette guerre éventuelle avec l'Irak. Donc, une incertitude, mais pas seulement l'incertitude ; c'est que tout ce qui nous semblait raisonnablement bénéfique, c'est-à-dire le développement de la science, a montré son ambivalence. Effectivement la science produit des bienfaits considérables, mais elle produit aussi des menaces et des dangers à travers les armes ou les manipulations génétiques. La science produit des connaissances fabuleuses. Mais aussi la science produit, avec ses compartimentations disciplinaires, des fermetures et des ignorances qui empêchent de voir, je le répète, les problèmes globaux. La technique est également ambivalente, apte au meilleur et au pire. Le vaisseau spatial Terre est propulsé par quatre moteurs, qui tous produisent un développement incontrôlé : la science, la technique, l'industrie et l'économie. Ce sont des forces qui ont eu un aspect bénéfique, mais les aspects maléfiques, périlleux, voire mortels, se sont développés de façon considérable et le vaisseau spatial n'a pas de pilote. De plus, les passagers se disputent les uns avec les autres. Il nous faut reconnaître qu'un développement devrait, bien entendu, comporter ce qui est fécond dans la civilisation occidentale, parce que la civilisation occidentale a engendré les droits humains, les autonomies individuelles, la culture humaniste, la démocratie. Mais il est certain que ces éléments féconds devraient entrer dans une politique de civilisation, et une politique de civilisation devrait refouler au second plan ce qui aujourd'hui est au premier plan, c'est-à-dire la puissance de la quantification contre la qualité, la réduction à l'économie qui occulte la pluralité de l'existence humaine, la rationalisation qui n'est pas la rationalité mais qui au contraire écarte tout ce qui lui échappe et tout ce qu'elle ne peut comprendre. Alors, voici une situation qui nous montre que le développement conduit l'humanité vers des catastrophes. C'est-à-dire que le problème désormais n'est pas de continuer sur la voie, n'est pas même d'aménager la voie avec quelques adoucisseurs. Il faudrait changer de voie et c'est le problème le plus crucial.

Peut-on changer de voie ?

Pouvons-nous demander aux nations dites émergentes ou en cours de développement, contenant la plus grosse partie de la population de la planète, d'arrêter leur développement technique, industriel et économique ? L'inégalité des situations n'impose-t-elle pas une politique écologique différente pour les pays en cours de développement ? Peut-on envisager de limiter la croissance là où celle-ci peut apporter le mieux-être, l'emploi et l'accession désirés aux standards de vie occidentaux ?

Tout d'abord indiquons qu'une politique de salut écologique comporte des prescriptions valables pour tous :

– la lutte contre les pollutions urbaines et industrielles est devenue vitale en Chine et partout où se sont constituées d'énormes mégapoles comme Pékin, Shanghai Mexico, São Paulo ;

– la production de voitures non polluantes doit être intensifiée dans toutes les régions du monde, développées ou non développées ;

– le développement des énergies renouvelables doit lui-même être intensifié dans toutes les régions du globe ;

– le développement de l'agriculture biologique doit et peut être intensifié dans toutes les régions du globe.

Ainsi il y a des croissances qu'il faut encourager, celle des énergies renouvelables, celle des industries productrices d'engins non polluants, celle de l'agriculture biologique.

Par ailleurs il serait plus aisé de promouvoir la désintoxication civilisationnelle dans toutes les régions qui ne sont pas totalement entrées dans les standards de vie occidentaux : par exemple l'usage de l'automobile peut y être limité au profit des transports collectifs et des vélos ; les antidotes potentiels au mal-être de la civilisation du bien-être se trouvent déjà dans les cultures non encore totalement désintégrées : ainsi en est-il des solidarités traditionnelles, des sagesses et des arts de vie. Une politique de civilisation avisée pourrait sauvegarder ces vertus culturelles diverses que tendent à anéantir croissance et développement.

Par contre il faut satisfaire les besoins quantitatifs quand ils répondent à des pénuries et des manques comme dans les domaines de l'alimentation, des produits médicaux, des services de santé (où l'on peut conjuguer médecine occidentale et médecines traditionnelles).

Les besoins quantitatifs en énergie qui ne peuvent être satisfaits à court terme par le développement des énergies renouvelables peuvent nécessiter l'énergie nucléaire, si dangereuse soit-elle à long terme, ainsi que la gazéification d'une énergie fossile comme le charbon.

Partout l'impératif du mieux s'impose ; à l'Occident c'est le mieux mais moins, ailleurs c'est le plus mais mieux.

À l'Occident le moins concerne le productivisme forcené et le consumérisme égaré ; il ne signifie pas le moins en croissance des produits non polluants, des services ou métiers de solidarité et d'entraide, des écoles, hôpitaux et hospices décentralisés, en revitalisation des campagnes et en développement de l'agriculture biologique.

Tout cela indique que l'idée de croissance doit cesser de constituer un dogme aveugle qu'on n'ose même pas interroger. Elle doit être complexifiée pour y distinguer les aspects positifs et ceux qui sont négatifs. L'idée de développement doit être dépassée (le dépassement dans le sens hégélien conservant ce qu'il a de positif) dans une politique de l'humanité et une politique de civilisation.

Une politique de l'humanité peut et doit prendre en charge des problèmes vitaux déjà propres au développement, par exemple évidemment des problèmes de la faim endémique et des famines. Elle assurerait pour l'Afrique, des agences médicales pouvant donner gratuitement les médicaments, notamment contre le sida. La politique de l'humanité, c'est tout d'abord une politique humanitaire à l'échelle de la planète et une politique qui devrait mobiliser pas seulement les ressources matérielles des pays riches, mais la jeunesse des pays qu'on appelle développés, qui devrait se mobiliser dans un service civique planétaire, qui remplacerait les services militaires pour aider sur place les populations. Enfin et surtout une politique de l'humanité voit les différents problèmes tels qu'ils se posent dans les différentes régions du globe, c'est-à-dire les problèmes particuliers à chaque situation. Une politique de l'humanité est aussi une politique qui serait une politique de la civilisation, qui serait la symbiose entre ce qu'il y a de meilleur, de la civilisation occidentale, avec les apports extrêmement riches des autres civilisations. Une politique de l'humanité et une politique de la civilisation induiraient une politique de paix, qui se traduirait effectivement par la solution d'un conflit qui lèse gravement tout le monde, car un milliard d'êtres humains ont le sentiment justifié que l'Occident a deux poids et deux mesures. Il y a donc beaucoup de choses à faire pour traiter les problèmes de la planète, à la fois dans leur diversité et dans leur unité, ce que ne peut pas faire l'idée de développement. Bien entendu, une politique de l'humanité comporterait l'instauration d'instances de régulation et de contrôle économique ; elle comporterait la création d'une instance de gouvernance pour la biosphère, dotée de pouvoir de décision. Elle comporterait également une instance de protection des cultures menacées par la marchandisation et le profit. Elle viserait à instituer non pas un gouvernement mondial, mais des instances représentant l'ensemble des nations, capables d'agir sur les problèmes vitaux de la planète.

Alors, nous voici donc dans une situation qui est tout à fait critique. Pourquoi ? Elle est critique parce que, d'un côté, nous avons des forces de chaos et de destruction qui se sont déchaînées. Nous ne voyons pas comment peut émerger une autorité capable de dominer ces forces de chaos ; et quand on voit les processus en cours, ils mènent à des probabilités tout à fait catastrophiques. Une politique de l'humanité à l'échelle planétaire serait nécessaire, mais il n'y a aucun instrument capable de pouvoir proposer et, bien entendu, imposer une telle politique. Les probabilités sont d'autant plus catastrophiques que nous voyons l'immaturité des États pour répondre aux défis planétaires. Pourquoi les États sont-ils immatures ? Parce que l'idée d'État national dote chaque État d'une souveraineté absolue refusant d'être contrôlée par une instance supérieure. Or, c'est extrêmement difficile pour des États nationaux d'arriver à un stade nouveau où ils renonceraient à certains de leurs pouvoirs pour une autorité qui résoudrait, qui traiterait leurs problèmes communs, mais qui leur serait supérieure. C'est la difficulté que nous vivons en Europe ; et encore l'Europe est en progrès par rapport au reste du monde. Nous voyons les difficultés d'organisation ; on a pu réussir sur le plan économique avec l'euro, mais il est très difficile d'arriver à constituer un Parlement européen doté de véritable pouvoir, une autorité européenne elle-même dotée de pouvoirs, une politique et une diplomatie qui actuellement sont complètement impuissantes devant les événements du monde actuel. Donc, voyant l'immaturité des États nationaux, nous voyons l'immaturité des populations. Pourquoi ? Parce que, bien entendu, nous voyons de plus en plus des forces de fanatisme, de re-fermetures ethniques et religieuses se déchaîner. Cela rend impossible la compréhension de l'autre, de l'autre religion, de l'autre culture, surtout la compréhension de la laïcité. Encore, dernièrement en Iran, un intellectuel va être condamné à mort parce qu'il comparait le pouvoir des ayatollahs à celui de l'Église catholique médiévale. Mais nous avons aussi beaucoup d'incompréhensions dans notre monde occidental. Nous arrivons mal à comprendre les autres cultures. Nous n'arrivons même pas à nous comprendre les uns les autres. Si divers soient les aveuglements, ils convergent pour nous égarer. Alors, immaturité des États, immaturité des nations. Nous allons vers la catastrophe. Mais je crois quand même qu'il y a quelques principes d'espérance au sein de cette désespérance[1].

1. Ils sont indiqués plus loin, pp. 121-127.

L'IMPÉRATIF ÉCOLOGIQUE

Dialogue entre Edgar Morin et Nicolas Hulot

(entretien réalisé par Nicolas Truong)

RESSUSCITER L'ESPÉRANCE

Nicolas Hulot, Edgar Morin : l'insurgé médiatique et l'intellectuel critique, le journaliste conscientisé et le sociologue de la complexité se sont rencontrés en plein cœur de la campagne électorale française afin de prendre le temps de parer à l'urgence. Écologique et climatique. Mais aussi éthique, civique, politique. Car la « maison brûle », la Terre flétrit, les sols s'assèchent, la diversité des espèces et des espaces est menacée, la couche d'ozone trouée, le climat déréglé, les rivières empoisonnées, la vie sur Terre banalisée. Comme disait Nietzsche, le désert – géographique, politique, social et mental – croît. L'animateur et producteur de l'émission *Ushuaïa*, qui prit peu à peu conscience de l'étroitesse de la planète et de l'ampleur des dévastations de la biosphère, su se saisir de la chambre d'écho médiatique afin d'alerter et fédérer les « énergies positives » autour de l'urgence écologique. Face au désastre annoncé, Nicolas Hulot et le comité de veille de sa fondation ont lancé en 2006 les bases d'un « pacte écologique », un programme d'actions et de mesures concrètes applicables dès le début de mandat d'un nouveau président de la République (*Pour un pacte écologique*, Calmann-Lévy, 2006. Voir également www.fondation-nicolas-hulot.org).

Création d'un poste de vice-premier ministre chargé du développement durable, instauration d'une taxe carbone en croissance régulière jusqu'à la réduction par quatre des émissions de gaz carbonique, réforme de la politique agricole commune, soumission systématique des orientations du développement durable au débat public, promotion d'une grande politique nationale d'éducation et de sensibilisation à l'écologie : ces cinq propositions du « pacte écologique » se sont imposées comme les premiers jalons d'une utopie réaliste largement plébiscitée par les citoyens. Et comme des idées courtisées par les politiciens. Derrière les mesures techniques, le « pacte écologique » se présente comme une remise en cause de notre modèle de civilisation, « une invitation à un examen de conscience individuel et collectif », comme le dit Nicolas Hulot. Edgar Morin, qui annonçait dès 1972 « l'an I de l'ère écologique » et invitait à la solidarité avec la communauté de destin terrestre au sein de notre *Terre-patrie* (avec Anne-Brigitte Kern, Seuil, 1996) a soutenu l'initiative. Il a vu dans le pacte écologique une manière de « ressusciter l'espérance » après l'effondrement du communisme et face au règne sans partage du capitalisme libéral ou autoritaire sur nos vies. Sans perdre pour autant la constance de sa conscience critique. Car si les deux hommes convergent le plus souvent afin de souligner la solidarité avec le vivant ou de relever les résistances culturelles d'une civilisation marquée par la maîtrise de la nature et la toute-puissance de la rationalité technicienne, les différences et les divergences affleurent ici et là. Edgar Morin ne croit pas à la notion de « développement », même « sous sa forme adoucie de durable » qui contient encore « ce noyau aveugle techno-économique pour qui tout progrès humain découle des croissances matérielles ». Soucieux de « l'acceptabilité sociale » du pacte écologique, Nicolas Hulot croit aux vertus d'une croissance économique qui répartirait équitablement les richesses, préfère le développement durable à une décroissance globale qui serait selon lui « synonyme de récession ». Surtout, Edgar Morin entrevoit le pacte écologique comme une partie fondamentale d'un grand Tout, c'est-à-dire comme un élément décisif d'une « politique de l'homme » destinée à « civiliser la Terre », et non comme une fin en soi.

À l'initiative de *Philosophie magazine*[1], qui a publié une version raccourcie de cet entretien inédit, les deux hommes se sont retrouvés pour réfléchir ensemble à cet impératif écologique qui nécessite une réforme de la pensée, ainsi qu'une mobilisation civique unique. Cette entrevue est celle d'un moment singulier, et garde le charme du feu de la conversation, du plaisir de la digression. Certains y verront les impasses d'une gestion citoyenne de la catastrophe ; d'autres y trouveront les outils intellectuels éclairants pour lutter contre la guerre au vivant. Les uns y liront un nouvel avatar de la morale

1. *Philosophie magazine*, n° 6, février 2007 (www.philomag.org).

des bons sentiments ; les autres un moyen de résister à la déshumanisation planétaire. La plupart, nous l'espérons, se réjouiront de partager un échange unique, au moment même où la planète traverse une période critique. Et peut encore se donner les moyens de changer d'ère.

Nicolas TRUONG
Conseiller de la rédaction de *Philosophie magazine*,
journaliste au *Monde de l'éducation* et
responsable du Théâtre des idées au festival d'Avignon.

Edgar Morin : Très jeune, j'ai été sensible aux *Rêveries du promeneur solitaire* de Jean-Jacques Rousseau. J'adorais la mer, la montagne et je n'ai longtemps pu écrire que devant une fenêtre ouverte sur les paysages toscans. J'ai un besoin de nature ancré au plus profond de mon être. Mais c'est en Californie, en 1969-1970, que des amis scientifiques de l'université de Berkeley m'ont éveillé à la conscience écologique. J'y ai notamment découvert un article de Paul R. Ehrlich sur la mort de l'Océan qui m'a fortement influencé. Avec les œuvres de Bateson et von Foerster, naissait en moi une pensée écologisée. En 1972, le rapport Meadows (intitulé en français *Halte à la croissance ?*) commandé par le Club de Rome sort et *Le Nouvel Observateur* organise un colloque pour lequel j'intitule ma communication, « L'an I de l'ère écologique », persuadé qu'un nouvel âge devait s'ouvrir face à la dévastation de la biosphère. Mais ce signal d'alerte que nous étions quelques-uns à avoir lancé, dont André Gorz, n'a pas été entendu, parce qu'aucun indice tangible ne semblait le confirmer. Puis, de l'assèchement de la mer d'Aral à la pollution du lac Baïkal, des pluies acides à la catastrophe de Tchernobyl, de la contamination des nappes phréatiques au trou d'ozone dans l'Antarctique, le mouvement écologique a pris son essor et une première conscience de la détérioration de la biosphère a suscité de grandes conférences internationales, comme celles de Stockholm (1972), Rio (1992), Kyoto (1997), qui n'ont malheureusement pas pu créer de véritables instances contraignantes. Le point d'orgue de cette série de dévastations est sans aucun doute le réchauffement climatique, vraisemblablement lié à nos activités techno-économiques, comme en témoignent aussi bien l'ouragan Katrina à La Nouvelle-Orléans que l'automne extrêmement clément que nous venons de vivre en Europe. Il a fallu du temps pour que cette conscience à la fois locale et globale progresse. Et Nicolas Hulot et sa fondation ont su catalyser et incarner en France ce moment historique et critique.

Nicolas Hulot : On ne naît pas écologiste, on le devient. Et je le suis devenu graduellement. Mais on peut très bien avoir une fibre naturaliste et être le plus mauvais des écologistes. Indéniablement, une sensibilité à la nature plus exacerbée prédispose, favorise la prise de conscience. À l'identique de mes parents, j'ai toujours constaté que la proximité avec la nature m'était plus bénéfique que son éloignement. Je me souviens du plaisir indicible de voir mon père s'épanouir en faisant des greffes de rosiers sur un minuscule lopin de terre. J'ai récemment découvert que la nature produisait une quantité inimaginable de langage chimique, qu'elle communique avec les phéromones et de nombreux autres émetteurs. J'ai tendance à penser que j'ai pas mal de récepteurs et que les vibrations de la nature me parlent intensément. Le spectacle d'un océan, le frémissement d'un feuillage, le saut d'une gazelle ou bien la vision furtive des bois d'un cerf entre deux chênes dans la forêt de Rambouillet m'émerveillent au plus haut point. Ce sont des choses qui se constatent, mais qui ne se décrètent pas. Dans mon parcours initiatique, j'ai vécu des chocs visuels et émotionnels d'une grande intensité. Jeune photographe, j'ai notamment été amené à arpenter des zones géographiques sublimes, comme le Limpopo et le Zambèze. L'Afrique fut incontestablement la terre de mes grands chocs humains, naturels et existentiels, le continent de l'éveil. Pourtant, j'ai longtemps cru que la nature était corvéable, que nous vivions dans un monde infini, que l'impact de l'homme était dérisoire face à cette immensité géographique. L'intensité et la fréquence unique des mes voyages, que j'ai effectués notamment pour l'émission *Ushuaïa*, m'ont permis de me rendre compte de l'étroitesse de notre planète, de l'intensité des dégradations. Les scientifiques comme les poètes montrent que les trajectoires de la nature et de l'humanité sont indissociables, que notre communauté d'origine est à l'identique de notre communauté de destin. La prise de conscience s'est alors transformée en conviction. En effroi même, lorsque j'ai réalisé la faiblesse de nos moyens par rapport à l'ampleur de la catastrophe écologique annoncée.

D'où l'importance du soutien d'un intellectuel comme Edgar Morin, qui n'a pas attendu que la réalité s'impose pour réfléchir à l'origine des problèmes écologiques.

Résistance, verrou culturel

E.M. : Notre mode de pensée, inséparable de notre mode d'enseignement, est fondé sur la disjonction absolue entre l'humain et le naturel. Tout ce qu'il y a de naturel dans l'humain est cantonné aux départements de biologie des universités, et les sciences humaines ne s'occupent que de la part culturelle de l'humain. Tout ce qui est humain est séparé de la nature. À l'extrême opposé, certains tentent de réduire l'humain à la nature, au comportement des fourmis ou des chimpanzés. La compartimentation des disciplines et des catégories nous empêche de faire la relation entre les parties et le tout. La pensée occidentale ne sait opérer que par disjonction ou réduction. Descartes, qui voulait que l'homme soit « comme maître et possesseur de la nature », opère la disjonction entre la science et la philosophie, ce qui aboutira à cette séparation entre le monde des humanités et celui de la technique. Après avoir mis Dieu au chômage technologique, l'homme s'est octroyé le droit de dominer la nature. Mais cette prétention ne s'est effondrée que très récemment. D'une part parce que cette volonté de maîtriser le vivant se retourne contre nous-mêmes ; d'autre part parce que la Terre nous apparaît comme une minuscule planète d'un système solaire lui-même périphérique dans un cosmos gigantesque. L'idée de conquérir le monde paraît grotesque. Il faut dire aussi que la disjonction entre l'homme et la nature ne résulte pas uniquement de l'essor de la rationalité technique occidentale. Le christianisme qui nous a façonnés est une religion totalement ouverte sur l'humain, avec ces valeurs cardinales que sont la charité et l'amour, mais fermée à la nature et au monde animal. À l'opposé, le bouddhisme immerge l'humain dans le cycle des reproductions du monde vivant. La compassion du Bouddha s'adresse à toutes les souffrances, humaines et animales. Nous sommes donc également marqués par l'empreinte chrétienne de notre civilisation qui ignore notre relation ombilicale à la nature. Il n'est possible de nous affranchir de cette lourde charge à la fois religieuse et technicicste que par une réforme de notre mode de connaissance et de pensée.

N.H. : Le verrou culturel est au moins autant opérant que le verrou économique en matière écologique. Quand on lit le livre de Krishnamurti, *Se libérer du connu* (Stock, 1977), on voit combien briser des conditionnements et des préjugés est un travail long et à l'issue incertaine. La pire des blessures infligées à l'amour-propre de l'humanité, c'est lorsque Darwin démontra que nous n'avions pas fait l'objet d'une création séparée. Du haut de la pyramide du vivant, l'homme apprit qu'il était issu d'une matrice commune avec les animaux. Mais cette blessure narcissique s'accompagna d'un refus de la reconnaissance de sa communauté d'origine. Et cette blessure n'est pas totalement cicatrisée, comme l'illustre la virulence des mouvements créationnistes outre-Atlantique. Il y a encore un déni, un refus de reconnaître notre communauté de destin. Toute notre culture, notamment religieuse, a considéré que l'intelligence humaine se mesurait par rapport à sa capacité de s'affranchir de la nature. Plus on pensait se libérer de la nature, plus on pensait matérialiser le génie humain. Depuis cent cinquante ans, nous avons cru que le progrès était linéaire, que le futur mécanisé était une promesse de bonheur. À cette croyance s'ajoute l'idée que nos institutions auraient toujours réponse à tout. Nous savons depuis les Grecs et Ératosthène que la Terre est ronde, mais nous venons juste de nous rendre compte que nous vivons dans un monde fini, c'est-à-dire limité. Or nous sommes inaptes à la limite. Il y a certes de quoi être ébloui par la fulgurance des prouesses scientifiques. Mais cette toute-puissance de la technoscience génère ce que René Dubos appelle « le désarroi tragique de l'homme moderne ». L'homme n'est aujourd'hui plus relié à rien. Ce désarroi est une des conséquences psychologiques de l'hypertrophie de la technique.

Communauté de destin

E.M. : Nous avons appris que nous sommes issus d'une évolution biologique et que nous sommes aussi des animaux, mais nous avons occulté ce savoir. On le sait, mais on l'ignore. Nous opérons un véritable *black-out* de notre conscience. En même temps nous n'arrivons pas à ressentir notre communauté d'origine d'*Homo* dit *sapiens*. Ce que vous dites sur cette communauté d'origine est capital. Les humains ne sentent pas suffisamment l'étoffe commune qui les relie et les problèmes urgents qui doivent les mobiliser. Dans *Terre-patrie*, j'ai voulu indiquer qu'il y a une communauté de destin entre tous les humains parce qu'ils partagent les mêmes dangers vitaux. Mais cela demeure non perçu. Enfin notre mode de connaissance nous empêche de concevoir ensemble l'unité et la diversité humaines. Ou bien on perçoit l'unité humaine, et on oublie la diversité des cultures ; ou bien on perçoit la diversité des cultures sans comprendre l'unité humaine. C'est pourtant ce qui nous permettrait de développer une conscience planétaire, une conscience humaine liée à la planète tout en reconnaissant les singularités culturelles et nationales. Il est vital de développer cette conscience planétaire, en même temps que de nous enraciner à la Terre. Car notre Terre n'est pas qu'une chose physique. Elle est une réalité géo-physico-bio-humaine. Il faut certes être capable de distinguer ces différents aspects, mais il faut savoir les relier. La pensée complexe que je défends part du latin *complexus*, qui veut dire « ce qui est tissé ensemble », afin d'opérer une tension permanente entre l'aspiration à un savoir non parcellaire, non cloisonné, non réducteur, et la reconnaissance de l'inachèvement et de l'incomplétude de toute connaissance. « Complexe » ne signifie nullement « compliqué », encore moins « obscur » ou « abscons », mais désigne cette forme de pensée qui englobe au lieu de séparer, relie au lieu de segmenter.

N.H. : Ce refus de l'unité est doublement une erreur parce que l'union différencie. Au moment où l'on est capable de regarder la planète depuis l'espace, quel dommage de ne pas en profiter pour se rendre compte que notre communauté d'identité est probante et éclatante ! On a perdu ce repère essentiel : la combinaison de facteurs qu'il fallut pour que la vie progresse sur Terre est exceptionnelle. Au sein des autres systèmes planétaires étudiés par les scientifiques aujourd'hui, nous n'avons pas le moindre début de preuve que la vie pourra un jour s'y développer. Cette combinaison de facteurs est aussi improbable que si vous jetiez par terre une boîte de lettres d'imprimerie et que le premier article de la déclaration des droits de l'homme s'inscrivait soudainement sur le sol de cette pièce ! On a fini par banaliser la vie sur Terre. Ce qui permet à la vie de s'épanouir sur Terre, c'est une minuscule couche qu'on appelle l'atmosphère et qui n'a que quelques dizaines de kilomètres d'épaisseur. C'est cette infime composition chimique qui permet à la vie de se développer. Mais les hommes ont l'impression d'avoir l'infini au-dessus d'eux qui les protège. Or il nous menace. Ce qui rend la vie possible tient à un équilibre très fragile. Mais ce que j'énonce ici, scolairement et simplement, a été dilué dans le bruit de fond de notre société. À ce propos, j'aime citer cette fameuse phrase de Victor Hugo que l'on retrouve sous une autre forme chez un poète anglais : « Je ne peux pas croire une seconde que les constellations soient insensibles au parfum de l'aubépine. »

E.M. : Pour ma part, je ne cesse de me référer à Pascal qui écrit dans ses *Pensées* que « toute chose étant aidée et aidante, causée et causante et toute et tout étant lié par un lien insensible qui relie les parties les plus éloignées les unes des autres, je tiens pour impossible de connaître les parties si je ne connais le tout comme de connaître le tout si je ne connais les parties ». À l'époque de Descartes, il avait formulé en une phrase la réforme de la pensée qui s'impose plus que jamais. Votre pacte écologique serait un chemin qui y contribuerait.

Pacte écologique. Progrès

N.H. : Dans l'étymologie du « pacte écologique », il y a un côté pacifique qui l'éloigne de l'affrontement, du dialogue frontal et de la psychologie de la horde qui a longtemps façonnée les partis politiques. L'impératif écologique nous donne une occasion inespérée de nous rassembler. L'heure de la réconciliation a sonné. Compte tenu de l'enjeu, nous n'avons pas d'autre choix que de réunir les énergies positives autour de l'urgence écologique. Aller chercher ce qu'il y a de meilleur en chacun de nous, c'est incontestablement l'aspect positif et salutaire de cette injonction climatique et écologique. Cette urgence impose un rendez-vous critique à notre civilisation qui est salutaire. Cet examen individuel et collectif est même providentiel. Il faut redonner du sens au progrès que l'on avait confondu avec la performance. Celui-ci doit être à présent conçu comme l'amélioration durable et équitable de la condition humaine, et non plus comme une volonté de puissance déchaînée. Dans *Le Syndrome du Titanic*, j'avais mis en exergue une célèbre phrase d'Einstein qui n'a jamais été autant d'actualité : « Notre époque se caractérise par la profusion des moyens et la confusion des intentions. »

E.M. : L'idée de progrès, telle qu'elle a été formulée à partir de Condorcet, a été conçue comme une loi historique, mécanique et indéfinie du devenir humain. Sur le plan moral, cette idée est malheureusement fausse. Au XIXe siècle, tous les États européens avaient interdit la torture. Au XXe siècle, elle fut réintroduite par toutes les nations, y compris par la France lors de la guerre d'Algérie. Mais l'idée de progrès ne doit pas être abandonnée. Ce qu'il faut abandonner, c'est le déterminisme du progrès, ce qu'il faut conserver c'est la possibilité de progrès. Ainsi les Lumières doivent être dépassées au sens hégélien du terme, c'est-à-dire conservées. Ce qui doit être dépassé, c'est la raison close, fermée sur elle-même. La raison pure n'existe pas. Comme nous le montre un neurologue tel qu'Antonio Damasio, la raison comporte toujours du sentiment. Il nous faut aujourd'hui combiner le romantisme et les Lumières, afin qu'il n'y ait pas de passion sans raison, ni de raison sans passion. Il faut relier l'esprit critique et autocritique des Lumières au sentiment de la nature. Je suis d'accord avec les principes du « pacte écologique ». Mais ce pacte n'est qu'un aspect, une partie, une face d'une réalité qui a un autre visage, social et civilisationnel. Votre manière de faire de la politique autrement, au-delà des partis, est une « supra-politique » qui nous conduit à une vision plus riche et plus noble de la politique. Mais le pacte écologique ne doit pas être clos. Comme l'illustre la raréfaction des énergies fossiles, c'est l'idéologie du « toujours plus » que nous devons combattre. Il faut montrer que la limitation de la circulation automobile dans les centres historiques des grandes villes re-humanise les relations sociales, accroît les conditions de convivialité. Au moment où surgissait la conscience écologique dans les années soixante-dix, Ivan Illich forgeait la notion de « convivialité » à travers laquelle il montrait que notre développement produisait plus de maux que de bienfaits : la médecine hyperspécialisée soigne davantage des organes que des personnes ; l'éducation qui fragmente la connaissance conduit à plus d'aveuglement que d'élucidation, etc. Nous avons un problème de vie en société. Regardez le nombre de psychotropes et d'anxiolytiques que nous absorbons. Les Français traitent de manière individuelle et personnelle un mal-être existentiel qui est aussi un malaise commun. D'où le recours de plus en plus grand aux sagesses orientales, au yoga, au bouddhisme zen, et au grand marché de la réalisation de soi. D'où la recherche de spiritualité, l'appel à la psychanalyse et au-delà à la philosophie. Nous nous ruons sur les vacances, le départ, l'exotisme, et, dans le loisir, nous nous déguisons en faux primitifs, en faux paysans. Nous aspirons obscurément à fuir la vie du métro-boulot-dodo qui obéit à la logique déterministe, chronométrique, hyperspécialisée de la machine artificielle de nos usines et bureaux. Experts et « éconocrates » nous traitent comme des machines triviales c'est-à-dire strictement déterministes, alors que la part non triviale en nous, celle du vouloir vivre, aimer, communier, nous réaliser, échappe à cette logique. Le pacte écologique n'a de sens qu'à condition de sortir de cette logique et d'être complété par un pacte politique. Pour ne pas aller dans le mur, comme vous dites, nous avons besoin d'une politique que j'ai appelée « politique de l'homme » et que je complète par une politique de civilisation.

N.H. : Je constate avec regret que les politiques n'ont retenu que les aspects techniques du livre, qui sont bien évidemment déterminants puisqu'il faudra mettre en branle toute une combinaison d'outils économiques (afin de remplacer la vente d'un produit par sa location, notamment), fiscaux (comme la taxe sur les émissions de gaz carbonique) ou éducatifs afin de réaliser cette mutation écologique. Je regrette qu'ils n'aient pas lu les soixante premières pages, qui se présentent comme une remise en cause globale de notre civilisation, une invitation à un examen de conscience individuel et collectif. La technique seule ne résoudra pas les problèmes auxquels nous sommes confrontés. Il faut que chacun les prenne à cœur, au sens émotionnel et passionnel du terme, car chacun porte une part de responsabilité. Dans cette « Adresse au futur président de la République » qui ouvre le livre, je demande qu'on se débarrasse d'un certain nombre de pratiques, de mœurs, d'automatismes, de comportements iniques et obsolètes. Dans cette société du théâtre des apparences, le paraître prime sur l'être. Chacun le sait, mais tout le monde y cède. La débauche de communication masque l'ignorance, l'incompétence ou le manque de pouvoir. On donne l'illusion de traiter les choses. Mais la désillusion est totale, et le discrédit des politiques s'accroît. Or l'impératif écologique est aussi un impératif politique, car nous sommes encore englués dans la barbarie des origines. Comme nous l'a appris notamment l'ouragan Katrina, qui ravagea La Nouvelle-Orléans, notre démocratie des bonnes manières peut basculer à tout moment dans la barbarie, le vernis démocratique est prêt à craquer à la moindre catastrophe écologique. Je ne dis pas cela pour faire peur. Mais notre civilité n'est pas définitive. Il n'est pas dit que notre civilisation sera capable d'affronter les bouleversements écologiques dans la cohérence, la sagesse, la pertinence et la rationalité. Il est stupide de penser que nos frontières pourront stopper la mise en marche des damnés de la terre vers le Nord, fuyant les désordres écologiques et climatiques qu'ils subiront au Sud sans les avoir provoqués. Aucune armée du monde placée à Gibraltar ou au sud de l'Italie n'endiguera une vague migratoire dont les fondements seront légitimes. Au-delà de l'injonction climatique – dont on se serait bien passé, tant l'humanité est chargée de fardeaux –, regardons à quoi ressemble l'état psychologique de la planète sous l'effet pervers de la communication qui étale au grand jour une réalité insoutenable et indécente. D'un côté, les exclus du festin, pour lesquels la vie est une longue souffrance ; de l'autre, ceux qui ont tiré leur épingle du jeu et parmi eux cette frange de la population qui se vautre dans l'opulence. Avec la mondialisation médiatique, cette obscénité suscite d'innombrables rancœurs mais aussi, pour peu d'être bien instrumentalisée, des torrents de haine. À l'apogée de la communication, la découverte de l'humanité par elle-même est devenue maléfique.

Le principe espérance

E.M. : La communication ne favorise pas la compréhension. Elle transmet des informations. La compréhension nécessite l'aptitude à se mettre à la place d'autrui, à sympathiser. Ainsi la participation subjective nous permet au cinéma de comprendre les exclus comme Charlot, les victimes, les malheureux, comme dans le sublime film *21 grammes* de Inarritu. Mais dans la vie réelle nous redevenons opaques à la misère et à l'injustice. Aujourd'hui, c'est n'est pas uniquement le spectacle de l'inégalité matérielle qui éclate au grand jour, mais également celui d'une inégalité de traitement, entre l'Orient et l'Occident, les Palestiniens et les Israéliens, etc. Ce n'est pas seulement une réalité inégale qui s'étale devant nous, mais celle d'un traitement inégal. Par ailleurs, la crise universelle du futur ne permet plus aux hommes d'être tendus vers une grande espérance. Et lorsqu'on ne croit plus en l'avenir, on reflue vers le passé. De plus, en généralisant le modèle occidental de civilisation, la mondialisation technologique a provoqué en réaction un retour vers les racines et les origines, particulièrement marqué dans les pays les plus économiquement dépendants. Dans ce moment d'incertitude, l'espoir du futur s'est tari. Le communisme s'est effondré, le libéralisme économique ravage et saccage tout en enrichissant une partie de l'humanité, la barbarie déferle sur la planète. Comment ressusciter l'espérance ? Au cœur de la désespérance même : quand un système est incapable de traiter ses problèmes vitaux, il se désintègre ou bien il se métamorphose. Qu'est-ce qu'une métamorphose ? C'est une transformation où l'être s'autodétruit et s'autoconstruit de façon nouvelle, à l'instar de la chenille qui devient papillon afin de voler. L'espérance est dans cette métamorphose vers laquelle vont confluer des courants qui parfois s'ignorent, tels l'économie solidaire, le commerce équitable, la réforme de vie. De partout, à la base, les solidarités s'éveillent. Des associations se créent pour sauver une rivière, repeupler un village, réinventer localement la politique. Cela bouillonne. Il y a dans notre pays, sous les structures sclérosées, un formidable vouloir vivre. Il faut faire converger tout cela ensemble. Voilà l'espérance ! Churchill avait promis à son peuple « du sang et des larmes ». La volonté de salut a fait comprendre ce message aux Anglais en 1940, au cœur du désastre. Nous devons annoncer la voie nouvelle avec tous les périls à affronter et toutes les difficultés à surmonter. Nous savons que les défis historiques, écologiques et civilisationnel sont énormes. Notre défi aujourd'hui, c'est celui de civiliser la Terre. Il n'y a pas de solution prête à l'avance. Mais il y a une voie. Et, cher Nicolas Hulot, vous nous montrez la moitié du chemin.

N.H. : Ce que vous venez de dire est magnifiquement résumé par la phrase de Saint-Exupéry : « Il n'y a pas de solutions, mais des forces. Créons ces forces et les solutions suivront. » Nous ne sommes pas comme des vagabonds nus dans le blizzard. Nous avons des outils formidables pour endiguer la famine et sauver la Terre. Ce qui nous manque, c'est une volonté commune. La politique politicienne est obsolète par rapport à ces enjeux. Je crois que nous portons tous une même quantité de bien et de mal. Mais que notre société a plutôt tendance à faire jaillir ce qu'il y a de moins bon au fond de nous. La première vertu du pacte écologique est de faire jaillir des énergies positives. Mais les désirs étaient là, tapis. Avant de sourdre, l'eau chemine. Et puis, tout d'un coup, la confluence soulève la terre.

E.M. : C'est la fameuse image de Hegel, celle de la vieille taupe de l'histoire qui creuse ses galeries sous le sol et puis qui surgit à la surface, la faisant péter, le travail accompli. Tout comme vous, je crois à ces sources souterraines prêtes à jaillir et fertiliser. Mais il faut prendre conscience de l'urgence de devenir citoyens de la Terre. Pour cela il nous faut changer de chemin, car celui que nous suivons, celui du développement, inséparable de la croissance économique à l'infini, conduit à l'abîme. La notion de « développement », même sous sa forme adoucie de « durable » contient encore ce noyau aveugle techno-économique pour qui tout progrès humain découle des croissances matérielles. Il faut refonder cette notion de développement, dont l'application partout dans le monde détruit les solidarités traditionnelles, fait déferler la corruption et l'égocentrisme. Il faut que la notion de développement se métamorphose dans celle d'épanouissement.

N.H. : Je crois à une croissance économique dès lors qu'elle participe à une répartition équitable des richesses. Mais on doit simultanément opérer la décroissance d'un certain nombre de ressources qui se raréfient, l'énergie, l'eau, la terre, les poissons, la biodiversité... Nous n'avons plus le choix : la décroissance s'imposera de gré ou de force sur certaines ressources. Cependant, je crois au développement durable et non pas à une décroissance globale qui serait synonyme de récession, notamment parce que je suis soucieux de l'acceptabilité sociale du pacte écologique.

E.M. : Croire que le Nord n'apporte que des bienfaits et des bonnes solutions, est une erreur. La primauté du calcul dans la civilisation du nord rend aveugle à la qualité même de la vie. Le Sud conserve des vertus de convivialité, d'art de vivre, de communauté et de solidarité que le Nord a évacuées. Il faut concilier les vérités du Nord et celles du Sud.

N.H. : L'Afrique est un continent qui déborde d'une ressource tellement raréfiée chez nous qu'est la sagesse. Et c'est heureusement inestimable économiquement.

E.M. : Chaque culture a ses vertus et aussi ses superstitions, ses illusions et ses carences, ses barbaries et ses bontés. Il en est ainsi de la nôtre dont je suis loin de méconnaître les vertus mais dont je dois reconnaître les illusions et les carences. C'est pourquoi je crois à une symbiose des civilisations, parce que des sagesses africaines, indiennes, amérindiennes doivent se mêler à nos lumières, éclairantes mais parfois aussi tellement aveuglantes. Aussi nous devons cesser de nous considérer comme les maîtres pour devenir des partenaires dans le « grand rendez-vous du donner et du recevoir » dont rêvait Senghor.

LES TROIS PRINCIPES D'ESPÉRANCE DANS LA DÉSESPÉRANCE

(Janvier 2007)

Comment espérer ? Les armes de destruction prolifèrent. La biosphère se dégrade sans qu'on ait mené l'action vitale qui la sauverait et nous sauverait. Les vieilles barbaries déferlent à nouveau : nous voyons partout à l'œuvre les logiques de la vengeance et les forces de destruction ; elles sont alliées avec la barbarie glacée du calcul techno-économique. Notre mode de connaissance qui fragmente le savoir en morceaux épars nous rend de plus en plus aveugles en nous rendant incapables de percevoir les problèmes globaux et fondamentaux. Comment ne pas désespérer ?

En sachant qu'il y a trois principes d'espérance dans la désespérance même.

Le premier principe d'espérance est dans l'improbable. Pour comprendre ce que signifie l'improbable, il faut comprendre ce que signifie le probable. Le probable est ce qu'un esprit humain, dans un lieu donné, dans un temps donné, disposant des meilleurs moyens d'information, peut imaginer ce qui va arriver.

Le probable n'est pas l'inéluctable. Déjà Euripide l'avait dit au terme de trois de ses tragédies, par la bouche du coryphée : « ce qui est probable n'arrive pas toujours ; parfois un dieu malin fait arriver l'imprévu ». Et c'est arrivé souvent dans l'histoire humaine. Songez que, pour prendre un exemple historique, il y a 2500 ans la très puissante armée d'un très puissant empire (l'Empire perse) attaquait quelques minuscules bourgades grecques, dont Athènes. Il y eut deux guerres médiques. Il était plus que probable que l'Empire perse devait écraser les petites cités grecques. Et pourtant, lors d'une première guerre médique, Athéniens et Spartiates ont repoussé à Marathon la gigantesque armée perse. Une deuxième fois, les Perses ont envahi la Grèce et cette fois ils ont pris Athènes, ils ont saccagé Athènes ils ont brûlé Athènes, et ils croyaient avoir vaincu ; pourtant, comme vous l'avez appris dans vos livres d'histoire, la flotte grecque qui était à Salamine a tendu un piège à la gigantesque flotte perse et l'a détruite. De cette victoire de l'improbable, eh bien, sont advenues cinquante ans plus tard la naissance de la démocratie et la naissance de la philosophie.

En 1941, la domination nazie sur l'Europe était hautement probable. Chaque pays après l'autre avait été conquis et occupé ; le drapeau à croix gammée flottait sur le Parthénon. En septembre 1941, la Wehrmacht était arrivée aux portes de Leningrad, aux portes de Moscou, aux portes du Caucase.

Qu'est-ce qui a fait tourner le sort ? Il y a eu trois causes.

La première, c'est que Hitler a retardé d'un mois son offensive sur l'Union soviétique, afin de liquider la résistance de Belgrade qui n'acceptait pas de laisser passer la Wehrmacht allant au secours de l'armée italienne repoussée par la petite armée grecque ; il a donc attaqué le 21 juin, un mois plus tard de ce qu'il avait prévu. Et son armée a été surprise devant Moscou par un hiver très précoce et très brutal qui l'a quasi congelée.

La deuxième cause est que l'espion soviétique au Japon, Sorge, a prévenu Staline que les Japonais n'attaqueraient pas la Sibérie, car ils se préparaient à la domination du Pacifique. Ce qui a permis à Staline de retirer une partie de ses troupes de l'Extrême-Orient et de les faire venir sur le front de Moscou.

Et la troisième cause est qu'il a décidé de nommer le général Joukov pour diriger la contre-offensive soviétique. Celle-ci a effectivement réussi et elle a repoussé l'armée allemande de 200 kilomètres. Ce fut la première défaite hitlérienne, la première victoire soviétique. Presque au même moment, le Japon attaquait Pearl Harbour et les États-Unis entraient dans la guerre. Le destin a basculé en deux jours les 5 et 6 décembre 1941. Le probable a commencé à devenir improbable et l'improbable à devenir probable.

Le deuxième principe d'espérance vient des potentialités humaines encore non actualisées. Einstein disait que nous n'utilisons que 15 % de nos capacités cérébrales – c'est un chiffre arbitraire, mais il nous indique à mon sens que nous sommes encore dans la préhistoire de l'esprit humain.

On peut partir aussi de l'idée de « l'homme générique » qu'exprimait le jeune Marx. Que voulait dire « générique » ? Il ne s'agissait pas des gènes, car les gènes n'existaient pas dans la science de son époque. « Générique » veut dire qui détient en lui des capacités de génération et de régénération. Ces capacités tendent à s'endormir, à se scléroser dans les civilisations[1] ; du reste, ceci reprenait de nouvelle manière une idée profonde de Jean-Jacques Rousseau – qui voyait dans les civilisations une certaine forme de déchéance et de corruption par rapport aux capacités naturelles de l'être humain. Jean-Jacques Rousseau ne croyait pas qu'il existait un homme bon avant l'homme civilisé, mais il savait que ce qu'il appelait la « bonté », c'est-à-dire cette capacité génératrice, pouvait se trouver inhibée dans les civilisations. La capacité génératrice ou régénératrice a besoin souvent d'une irruption, d'une éruption pour se manifester comme ce fut le cas en France en 1789.

Il nous faut penser qu'aujourd'hui les forces génératrices et régénératrices se manifestent de façon dispersée et embryonnaire, mais n'arrivent pas encore à se déployer. En même temps que l'amplification des forces de destruction, elles pourraient se développer dans la crise planétaire que nous vivons. Alors elles nous indiqueront qu'il nous faut changer de voie, qu'il nous faut un nouveau commencement. Nous pourrons donner un sens à la parole de Heidegger : « L'origine n'est pas derrière nous, elle est devant nous. »

---

1. Seuls les déviants et anormaux que sont les artistes poètes et penseurs voient se manifester en eux les potentialités créatrices.

Ainsi nous pouvons formuler un deuxième principe d'espérance, à partir des potentialités génériques (génératrices et régénératrices) de l'humanité.

La troisième source d'espérance vient des possibilités de métamorphose. Qu'est-ce qu'une métamorphose ? Nous en avons de nombreux exemples au sein de la nature, notamment dans le monde des insectes. Vous voyez une chenille entrer dans une chrysalide. Que se passe-t-il dans cette chrysalide ? Cette chenille va commencer par s'autodétruire tout en gardant son système nerveux, et ce processus d'autodestruction est en même temps l'autoproduction et l'autocréation d'un être nouveau qui pourtant est le même ; il a la même identité, mais il est tout à fait différent dans ses qualités et ses aptitudes. Et quand la chrysalide s'ouvre, eh bien, c'est un papillon qui apparaît et qui prend son vol.

La première grande métamorphose survenue sur la planète Terre est celle de la transformation d'une organisation strictement physico-chimique en une auto-organisation vivante. Cette auto-organisation est dotée de qualités, de potentialités inexistantes au niveau des organisations strictement physiques ou chimiques. Elle peut se reproduire, se réparer, se mouvoir, connaître. Elle est née sans doute lorsque des systèmes physico-chimiques de plus en plus divers, riches et complexes sont arrivés à une limite de développement ; ils ne pouvaient alors que soit s'effondrer soit se transformer en un méta-système plus complexe et plus riche : le méta-système vivant.

Pendant des millénaires l'humanité fut constituée de petites sociétés de chasseurs-ramasseurs sans État, sans agriculture, sans villes, sans lois. Pourtant en cinq points du globe, Moyen-Orient, bassin de l'Indus, Chine, Mexique, Pérou, un certain nombre de ces sociétés se sont trouvées ensemble en un état de densité démographique nouveau et elles se sont unifiées et transformées en métasociétés, les sociétés historiques avec agriculture, avec États, avec villes, qui ont développé de grandes civilisations. Tout n'a pas été un progrès, parce que beaucoup de qualités humaines ont été perdues avec les sociétés archaïques, et beaucoup de violence et de destruction sont arrivées avec les sociétés historiques. Mais ce que je veux remarquer, c'est qu'il est arrivé un moment « historique » où des forces de métamorphose se sont exercées.

Aujourd'hui la planète n'arrive plus à affronter ses problèmes mortels ni traiter ses problèmes vitaux.

Or un système qui n'arrive pas à traiter ses problèmes vitaux, ou bien se désintègre, ou bien arrive à se métamorphoser en un métasystème plus riche, plus complexe, capable de traiter ces problèmes.

Nous sommes dans la globalisation, mais celle-ci devrait être dépassée dans une « société monde ». Nous sommes dans le développement, mais celui-ci devrait être dépassé dans l'idée d'une politique de la civilisation et d'une politique de l'humanité. Nous sommes dans un état de chaos, un état *agonique* ; mais vous savez que le mot « agonie » signifie « lutte suprême entre les forces de mort et les forces de vie » et que, paradoxalement, ce qui peut apporter la mort peut apporter la vie nouvelle.

Il y a donc espoir d'une métamorphose de nos sociétés actuelles en une société monde d'un type nouveau.

Alors, on peut dire plus nous sommes incapables de traiter nos problèmes vitaux, plus nous approchons d'une catastrophe, plus nous approchons d'une possible métamorphose. Aussi l'espérance peut croître avec la désespérance. Le poète Hölderlin disait : « Là où croît le péril, croît aussi ce qui sauve. »

Tout ceci nous montre que l'espérance n'est pas une certitude, que l'espérance doit croître, paradoxalement, avec la désespérance et que l'idée de métamorphose est devenue salutaire, peut-être la plus importante désormais. Mais il est évident qu'avant qu'il y ait une transformation, avant l'apparition d'un nouveau système, on ne peut le concevoir, on ne peut le définir. Nous pouvons seulement indiquer qu'il faudrait changer de voie, que la voie nouvelle pourrait émerger, et que *c'est la voie de l'espérance*.

Achevé d'imprimer en janvier 2007
sur les presses de Normandie Roto Impression s.a.s.
61250 Lonrai
Dépôt légal : janvier 2007
N° d'impression : 070103
N° d'édition : 3150
ISBN : 978-284734-441-7
Imprimé en France

W0365254

SILKE KAYADELEN

ich coach dich schlank

Vorwort

Warum habe ich bloß so viel Zeit damit verschwendet, mich mit meinem Gewicht zu beschäftigen? Diese Frage stelle ich mir mittlerweile nicht mehr. Ich weiß jetzt, dass gerade dieser lange Weg mit all seinen Einschränkungen und negativen Erfahrungen nötig war, um an den Punkt zu kommen, an dem ich heute bin. Heute tue ich das, was mir am meisten Spaß macht und was ich am besten kann. Was das ist? Die Arbeit mit Menschen, die Übergewicht haben. Die etwas mehr Bewegung in ihr Leben bringen möchten und dabei Hilfe brauchen. Ich arbeite gern mit ihnen. Ich weiß, wie sie sich fühlen und welche Erfahrungen sie gemacht haben. Ich kann nachvollziehen, was sie am meisten motiviert und was sie frustriert resignieren lässt.
Ich habe selbst ein Leben mit mal mehr, mal weniger Übergewicht geführt, habe viele Diäten ausprobiert und kenne den Jo-Jo-Effekt. Mir ist heute bewusst, wie sehr mich mein Übergewicht über lange Zeit ganz massiv eingeschränkt hat. Es führte mich in ein passiveres Leben und die einst lebenslustige und aktive Frau geriet immer mehr in Vergessenheit.
Immer wieder wurde diese Situation unterbrochen von Phasen exzessiven Sports oder unterschiedlichsten Diäten. In diesen Phasen nahm ich dann sehr schnell ab – um anschließend noch mehr zuzunehmen. Heute treibe ich regelmäßig Sport, jedoch nur genau so viel, dass das positive Gefühl und der Spaß nie verloren gehen. Meine Ernährung funktioniert nach festen Regeln, die jedoch einfach in den normalen Alltag zu integrieren sind. Dadurch liegt meine Kleidergröße stabil bei 36, ich esse ausgewogen, muss nicht mehr hungern und habe wieder ein normales Essverhalten.
Als Personal Trainerin mit dem Schwerpunkt Ernährung und Bewegung helfe ich heute Menschen, die ihr Gewicht reduzieren und ihre Fitness verbessern wollen. Ich helfe ihnen, glücklicher zu leben. Jetzt fragst du dich sicher, was das Gewicht und die Fitness mit persönlichem Glück oder Unglück zu tun haben. Und du selbst kannst dir diese Frage beantworten! Wann hast du dich das letzte Mal wohl in deinem Körper gefühlt? Wann konntest du dich bewegen, ohne aus der Puste zu kommen, ohne dass irgendetwas zwickte oder wehtat? Wann warst du das letzte Mal in einer Umkleidekabine, hast ein Kleidungsstück anprobiert und direkt gekauft, weil es dir sofort passte? Wann hast du dich das letzte Mal auf den Sommer gefreut, ohne daran zu denken, dass vorher aber unbedingt noch ein paar Kilos runter müssten?

» *Ändere etwas, sonst wird nichts anders!* «

Unser Gewicht, unsere Fitness und unsere Ernährungsgewohnheiten bestimmen unser Leben mehr, als wir glauben. Deshalb soll dieses Buch, in das alle meine persönlichen – manchmal auch leidvollen – Erfahrungen und ebenso die aus der Arbeit mit meinen Klienten eingeflossen sind, dir helfen, dein Leben aktiv zu ändern und dich wieder wohl in deiner Haut zu fühlen.

Deine Silke Kayadelen

Kann es klappen?

Bevor du startest, musst du dir über eins klar werden: Du und nur DU musst den Willen haben, etwas zu verändern. Genau dieser feste Entschluss ist der Schlüssel zum Erfolg!

Veränderung ist möglich

Eines ist sicher: Das Ziel ist erreichbar. Auf den folgenden Seiten kannst du lesen, wie ich alle Höhen und Tiefen einer Essstörung durchlaufen habe. Mehrfach habe ich mein Gewicht enorm reduziert, wenn auch überwiegend mit den falschen Methoden. Letztendlich habe ich die richtige Methode gefunden und auch den Weg, mein gesundes Gewicht dauerhaft zu halten. Das ist auch für dich machbar! Schau dir die beiden Bilder von mir auf der nächsten Seite an: Das war ich. Und schau dir das Bild auf Seite 13 an: Das bin ich heute. Wenn du der Anleitung in diesem Buch folgst, wirst du den gleichen Erfolg haben.

Mein Weg

Ich wurde 1968 in Gelsenkirchen geboren. Meine Mutter ist Deutsche, mein Vater war türkischer Gastarbeiter. So wuchs ich zwischen zwei Kulturen auf. Keiner in unserer

» Zu dieser Zeit war mein Essverhalten normal, ich aß, wenn ich hungrig war, und hörte damit auf, wenn ich satt war. Die Dinge waren also damals noch in einem gesunden Gleichgewicht. «

Familie, die neben meinen Eltern noch aus meinen Geschwistern Fatma und Engin bestand, hatte Übergewicht. Wir waren alle normalgewichtig. Es gab feste Essenszeiten, das war meiner Mutter sehr wichtig.
Meine Geschwister und ich hatten immer viel Interesse an unterschiedlichen Sportarten. Schon als Kinder waren wir Mitglieder im Schwimm- und Turnverein.
Mit zwölf Jahren begann ich mich für Kampfsport zu interessieren. Mich faszinierten Kung-Fu- und Karatefilme, besonders die, in denen Frauen kämpften. Das wollte ich auch. So kam es, dass meine Geschwister und ich uns in einem Tae-Kwon-Do-Verein anmeldeten.
Wir waren alle drei sehr talentiert und motivierten uns beim Training gegenseitig. So ließen die sportlichen Erfolge nicht lange auf sich warten.
Ich selbst wurde mit 14 Jahren das erste Mal Landesmeisterin, im Alter von 19 war ich Deutsche Meisterin. Insgesamt war ich drei Jahre Mitglied der Deutschen Tae-Kwon-Do-Nationalmannschaft und nahm 1989 an der Weltmeisterschaft in Korea teil.

Durch Leistungssport mit Volldampf in eine Essstörung

Leider kamen mit dem Leistungssport und den Erfolgen auch meine Ess- und Gewichtsprobleme. Ein wesentlicher Grund dafür war die Aufteilung der Kämpfer in Gewichtsklassen. Und dabei wurde überhaupt nicht berücksichtigt, dass ein Mädchen zwischen 14 und 19 Jahren natürlich auch sein Gewicht verändert.
Stattdessen sollte ich mit 18 Jahren in eine niedrigere Gewichtsklasse wechseln. Mit

So sah ich in meinen »dicken Zeiten« aus ...

... und so in meinen (zu!) dünnen Zeiten!

» Ich war immer extrem, kannte keine Mitte: Entweder aß ich viel und bewegte mich kaum oder ich aß wenig und trieb extrem viel Sport. Heute weiß ich: Der Mittelweg ist mein Weg. «

der Frage, wie ich das erreichen sollte, war ich auf mich allein gestellt. Doch Not macht erfinderisch … So begann für mich die Zeit der Gewichtsabnahme mit den ungesündesten Methoden. Ich probierte diverse Diäten aus, die den Jo-Jo-Effekt im Schlepptau hatten. Das führte unweigerlich zur nächsten Stufe der Essstörung.

Mal aß ich nichts, mal stopfte ich alles in mich hinein. Ich versuchte es mit Abführmitteln, Pillen und Pülverchen. Ich reduzierte mein Gewicht vor Wettkämpfen sogar durch Saunabesuche. Dies war zu dieser Zeit nicht außergewöhnlich. Ich weiß das, denn ich traf viele Sportler in der Sauna, die das Gleiche taten.

Bei einem meiner Saunagänge traf ich eine ganze Rudermannschaft, die als Mannschaft auch nur ein bestimmtes Gewicht auf die Waage bringen durfte.

So saß man als Leistungssportler in der Sauna und verlor mit jedem Schweißtropfen die doch so benötigte Kraft für den Wettkampf. Ich hoffe nur, dass diese Methode heute nicht mehr so angewandt wird, da sie nicht nur quälend, sondern auch sehr gefährlich ist. Bei einer Deutschen Meisterschaft nahm ich zwei Tage vor dem Kampf ganze zwei Kilo in der Sauna ab. Zwei Tage ohne Wasser und ohne Nahrung, wobei das Verlangen nach Wasser das Schlimmste war. Ich versuchte alles, damit ich bloß kein Wasser trank, ich biss in Zitronen und erlaubte mir höchstens, die Lippen mit Wasser zu befeuchten.

Am Wettkampftag hatte ich natürlich kein Problem mit dem Gang zur Waage, ich hatte mein ideales Kampfgewicht. Ein Problem hatte ich nur, als ich aufgerufen wurde und auf der Kampffläche stand. Nach der ersten Fußtechnik war ich außer Atem, die Beine wurden ganz schwer und ich sackte ein. Ich ging K.O., zum ersten Mal und ohne dass meine Gegnerin irgendeinen Angriff ausführen musste.

Gefangen im Teufelskreis

Es war eine Zeit, in der mein Gewicht mein Leben bestimmte. Hatte ich viel, fühlte ich mich schlecht, hatte ich weniger, fühlte ich mich gut. Wenn ich mir jedoch heute Bilder aus dieser Zeit anschaue, sehe ich kein dickes Mädchen, sondern ein Mädchen mit einer schönen Figur. Leider sah ich es damals nicht so, da ich mich meist zu dick fand. Obwohl ich mit 24 Jahren aufgrund einer Schwangerschaft mit dem Leistungssport aufhörte, begleiteten mich die Gewichtsschwankungen noch beinahe zwölf Jahre weiter. Ich war in eine heftige Essstörung gerutscht. Ich aß nicht mehr, wenn ich hungrig war, sondern einfach nur so. Jeden Tag nahm ich mir vor: »Ab mor-

gen isst du weniger!« Ab morgen, ab morgen … Leider gab es ganz viele von diesen Tagen und jeder Tag des Versagens machte mir ein schlechtes Gewissen. Dies führte dann dazu, dass ich noch mehr aß. Ich lebte in einem Kreislauf, aus dem ich keinen Ausweg mehr sah.
Nach der Geburt meiner Tochter Hanife wog ich 80 Kilo und fand einfach keinen Weg, mein Gewicht wieder in den Griff zu bekommen. Ich trug Kleidergröße 42. Noch größere Kleidung kaufte ich mir grundsätzlich nicht, da ich mir nicht eingestehen wollte, dass ich vielleicht schon Kleidergröße 44 brauchte. Es fing die Zeit der Leggins an, die passten praktisch immer, und ich konnte weiter zunehmen.

Das ewige Auf und Ab

Irgendwann bestand mein Leben nur noch aus dem Wechsel von »dicken Phasen« und »dünnen Phasen«. In meinen »dicken Phasen« trieb ich fast keinen Sport. Ich traute mich nicht mehr ins Schwimmbad, weil ich mich nicht im Badeanzug zeigen wollte. Ich ging auch nicht mehr zum Training, weil mir meine Sportsachen nicht mehr passten und ich mich schämte. Auch im täglichen Leben war ich weniger aktiv: Ich ging seltener aus, traf mich kaum mit Freunden. Stattdessen verbrachte ich ausgedehnte Fernsehabende, mit allem, was dazugehört. Ich nahm konstant zu und wurde immer weniger motiviert, die Situation zu ändern. Irgendwann kam dann doch immer die Zeit des Gegenruderns. Durch mein Interesse an den unterschiedlichsten Sportarten und durch striktes Reduzieren in puncto Essen hatte ich meist auch relativ schnell Erfolg beim Abnehmen. Die Methoden des Abnehmens beherrschte ich schon gut. Es gelang mir nur nie, sie so in mein Leben zu integrieren, dass sich statt des ungesunden Auf und Ab ein dauerhaftes Wohlfühlgewicht einstellte.
Doch dann kam der Tag, an dem ich wusste: »Jetzt ist es kurz vor 12.« Es war einer der Momente, an den man sich sein ganzes Leben erinnert. Meine Tochter war bereits 2 ½ Jahre alt und ich begegnete einer ehemaligen Schulfreundin. Diese gratulierte mir zur erneuten Schwangerschaft. Das Problem war nur, dass ich gar nicht wieder schwanger war! Also fing ich wieder an, extrem viel Sport zu treiben. Gleichzeitig begann ich mit meinem Sportstudium. Ich nahm also ab, weil ich mich viel bewegte. Leider hatte ich meine Ernährung nicht umgestellt, und so kam es, dass ich in den Semesterferien regelmäßig wieder sichtbar zunahm. Das Auf und Ab ging weiter. Fing das Semester an, nahm ich ab, waren Semesterferien, nahm ich zu. Der allzu bekannte Jo-Jo-Effekt!

Silkes Tipp

Verbanne alle Kleidungsstücke mit hohem Stretchanteil aus deinem Kleiderschrank. Sie fördern das stetige Zunehmen, da sie leicht nachgeben und du es gar nicht merkst, wenn mal wieder ein paar Kilo mehr drauf sind. Hätte ich damals statt der Leggins eine Jeans getragen, hätte mir das schneller gezeigt, dass ich dringend kürzer treten muss. Heute trage ich ausschließlich Jeans.

So habe ich es geschafft

Dann erkrankte meine beste Freundin schwer, und zwei Verwandte starben plötzlich im Alter von knapp 35 Jahren. Mir wurde klar, dass ich nicht ewig lebe und glücklich über jeden Tag sein muss, den ich gesund erleben darf. Gesundheit ist das Wichtigste! Ich musste mir eingestehen, dass ich mit meinem Verhalten meinem Körper aufs Übelste schadete. Ich begriff, dass nur ich allein die Chance hatte, mich zu retten. Deshalb beschäftigte ich mich nach meinem Studium intensiv mit den Themen Sport, Bewegung, Übergewicht und Ernährung. Und ich bemerkte: Es gab viele Leidensgenossen, die Probleme mit ihrem Gewicht hatten und dringend Hilfe und Unterstützung beim Abnehmen brauchten. So entwickelte ich Bewegungskurse speziell für Menschen mit Übergewicht, das »Molly-Fit«-Training.
Während meiner langjährigen Trainertätigkeit konnte ich immer wieder feststellen, dass oft die Menschen, die mit großem Elan und glühender Begeisterung gestartet waren, die ersten waren, die aufgaben. Diejenigen jedoch, die langsam anfingen und lediglich ein- bis zweimal wöchentlich zum Training kamen, blieben meist über Jahre dabei. Sie hatten den Sport so in ihr Leben integriert, dass sie dafür keine großen Entbehrungen in Kauf nehmen mussten. Diese Erkenntnis führte dazu, dass auch ich bei meinem »Molly-Fit-Konzept« gezielt auf einen moderaten Einstieg achte. Grundprämisse ist dabei für mich, dass man dem Körper nur so viel zutraut, dass man sich nie überanstrengt und der Spaß an der Bewegung erhalten bleibt.
Das gleiche Grundprinzip gilt auch für das Essverhalten. Also keine harten Einschränkungen, Verbote oder ein kompletter Verzicht auf gewisse Nahrungsmittel. Dies führt nur dazu, dass dich irgendwann der Heißhunger packt und du wieder in alte Gewohnheiten verfällst.
Einfach muss es sein und umsetzbar. Ich lebe seit Jahren nach diesem Grundsatz und den im Kasten rechts genannten Regeln und fühle mich seitdem körperlich fit.

» *Schnell und unkompliziert muss es sein. Schuhe an und los.* «

Veränderung beginnt im Kleinen

Mein Training absolviere ich regelmäßig zu festen Zeiten. Gleich morgens nach dem Aufstehen springe ich in meine Turnschuhe, die direkt neben meinem Bett stehen, und walke durch die Landschaft. Das mache ich dreimal wöchentlich. Zusätzlich ist mir wichtig, gezielt meine Muskeln an Armen, Beinen, Bauch, Po und Rücken zu trainieren. Hierzu habe ich ein 15-minütiges Trainingsprogramm zusammengestellt (siehe ab Seite 59). Dieses kann ich überall, zu jeder Zeit und ohne großen Aufwand ausführen. In Zeiten, in denen ich viel unterwegs bin, finde ich immer ein paar Minuten, damit meine Übungen nicht ausfallen. Wichtig ist mir, dass ich mit wenig Aufwand Sport treiben kann: keine langen Wege zum Studio und keine Geräte, die erst angeschafft werden müssen.

Silkes Tipps

... zum Trainingseinstieg

- Bewege dich so viel wie möglich, aber nur so viel, dass es immer auch Spaß macht.
- Finde eine Sportart, die zu dir passt.
- Finde eine Sportart, die einfach in dein tägliches Leben zu integrieren ist.
- Suche dir einen Verbündeten.
- Plane feste Trainingstermine und halte sie auch tatsächlich ein.
- Es gibt keine Ausreden mehr: Bewegung gehört für dich ab heute zum Leben wie das Atmen.

... zur Ernährungsumstellung

- Täglich gibt es drei Mahlzeiten, nicht mehr und nicht weniger.
- Zwischen den Mahlzeiten jeweils Pausen von etwa 4 Stunden einhalten.
- Keine Zwischensnacks.
- Essen wie ein Gourmet! Genuss und die Qualität der Lebensmittel sind wichtig.
- Essen ohne schlechtes Gewissen! Süßigkeiten und Alkohol nur in Maßen genießen.
- Abends keine Kohlenhydrate essen.
- Die letzte Mahlzeit vor 20 Uhr einnehmen.

Mein jetziges Essverhalten führt dazu, dass ich keinen Heißhunger verspüre und kein schlechtes Gewissen mehr habe, wenn ich mir mal etwas gönne. Dies ist mir sehr wichtig, da mich mein schlechtes Gewissen früher immer direkt in ein frustriertes mehr-und-mehr-und-mehr-Essen führte. Früher nahm ich mir immer vor: Jetzt esse ich weniger oder verzichte komplett auf Süßes oder Fettiges. Sobald ich dann doch ein wenig davon aß, hatte ich das Gefühl, ich hätte versagt und das schlechte Gewissen wischte alles andere weg: Nun lohnte es sich auch nicht mehr, weiter durchzuhalten! Dies führte dazu, dass ich wieder in mein altes und falsches Essverhalten fiel.
Seit ein paar Jahren habe ich mein Gewicht im Griff. Ich gönne mir Süßigkeiten bewusst in Maßen. Ich treibe Sport ohne Leistungsdruck. Das hilft auch der Seele: Beim Ausdauertraining entspanne ich. Ich spüre meinen Körper und bin rundum zufrieden.

Heute habe ich meine Wohlfühlfigur!

Stufe 1: Wir gehen’s langsam an

Du beginnst jetzt nicht nur, dieses Buch zu lesen. Nein: Du beginnst gleichzeitig auch, deine körperliche Fitness durch mehr Bewegung im Alltag zu steigern und erfährst das Wichtigste zum Thema Ernährung und zu deinem Essverhalten.

Mehr Bewegung im Alltag

Hast du Übergewicht? Wenn ja, wie viel? Und wie steht es mit deiner Gesundheit, mit deiner Fitness? Vor allem: Warum willst du überhaupt abnehmen und wie findest du einen sanften Einstieg in ein Leben mit mehr Bewegung? Auf all diese Fragen findest du hier Antworten.

Wann habe ich Übergewicht?

Bin ich normalgewichtig? Bin ich zu dick oder habe ich sogar schon krankhaftes Übergewicht? In welchem Bereich liegt mein Body-Mass-Index, wo liegt mein Körperfettanteil? Bin ich in puncto Figur eher ein Birnen- oder ein Apfeltyp? Und was sagt mir eigentlich der Taille-Hüft-Quotient? Manchmal kann einen diese Vielfalt an Begriffen verunsichern. Das muss sie nicht! Denn richtig angewendet, verbergen sich dahinter gute Methoden zur Feststellung des individuellen optimalen Wohlfühlgewichts. Gleichzeitig helfen sie auch herauszufinden, ob du an Übergewicht leidest und wie es mit deiner Gesundheit und Fitness aussieht.
Mithilfe der folgenden Methoden kann man feststellen, ob Übergewicht vorhanden ist und wenn ja, wie viel. Die Ergebnisse zeigen jeweils auch, ob bereits ein höheres Gesundheitsrisiko besteht.

Hilft bei der Orientierung: der Body-Mass-Index

Der Body-Mass-Index (BMI) setzt das Gewicht in Relation zur Körpergröße. Dei-

» Höre auf deinen Körper. Sobald du dich fitter fühlst, hast du schon eine Verbesserung erreicht. «

nen BMI kannst du mit folgender Formel errechnen: **BMI =**
Körpergewicht (kg) : Körpergröße (m)²

Hierzu zwei Beispiele:

- **Beispiel 1:**
  Du wiegst 65 Kilogramm bei einer Körpergröße von 1,70 Metern. Dein BMI:
  65 : (1,7 x 1,7) = 22,5
- **Beispiel 2:**
  Du wiegst 78 Kilogramm bei einer Körpergröße von 1,65 Metern. Dann errechnet sich dein BMI wie folgt:
  78 : (1,65 x 1,65) = 28,65

Was die Werte ganz konkret bedeuten, kannst du im Kasten unten sehen.
Bei einem Body-Mass-Index von über 30 spricht man von starkem Übergewicht, mit gesundheitlichen Folgen. Das heißt, das Risiko für Folgeerkrankungen wie Diabetes steigt deutlich an.

Body-Mass-Index

Der BMI-Wert, den du für dich ermittelt hast, bedeutet Folgendes:

Weniger als 19:	Untergewicht
Von 19 bis 25:	Normalgewicht
Von 25 bis 30:	leichtes Übergewicht
Von 30 bis 39:	starkes Übergewicht

Ich persönlich halte jedoch wenig davon, das Ergebnis allein vom BMI abhängig zu machen. Beim BMI wird beispielsweise nur das Körpergewicht im Verhältnis zur Körpergröße betrachtet. Problematisch ist dabei, dass der BMI nicht berücksichtigt, ob das Gewicht aus Fett oder Muskeln besteht. Richtet man sich nämlich ausschließlich nach dem BMI, so würde das bedeuten, dass jeder Bodybuilder an krankhaftem Übergewicht leidet. Tatsächlich ist es aber so, dass durchtrainierte Menschen mit einer hohen Muskelmasse und einem geringeren Körperfettanteil einen höheren BMI haben können als eine kaum trainierte Person. Der Gesundheitszustand der sportlichen Person ist jedoch besser als derjenige der untrainierten.

Und wie sieht es mit dem Körperfettanteil aus?

Du hast bestimmt auch schon die Erfahrung gemacht, dass der Zeiger auf der Waage stagniert, obwohl du regelmäßig Sport treibst und auf deine Ernährung achtest. In dieser Situation ist es wichtig, nicht aufzugeben, da dies nichts Ungewöhnliches ist. Wenn man sportlich aktiv ist, kann es nämlich sein, dass sich Muskulatur aufgebaut und der Körperfettanteil verringert hat. Da Muskeln schwerer sind als Fett, kann es jetzt sein, dass das Körpergewicht gleich bleibt oder sich sogar erhöht. Das

heißt also: Ohne dass sich etwas auf der Waage in Richtung »weniger Gewicht« verändert, kann Fett reduziert worden sein – man fühlt sich fitter und gesünder.
Wenn man den Körperfettanteil regelmäßig misst, kann man diese Veränderungen auch dokumentieren: Er zeigt nämlich an, wie viel Prozent des Körpers aus Fett bestehen. Der Körperfettanteil kann auf zwei verschiedene Arten gemessen werden: zu Hause oder in einem Fitnessstudio auf einer Körperfettwaage oder beim Arzt in einem speziellen Verfahren, der Bioimpedanz-Analyse (BIA).

So funktioniert die Körperfettwaage

Spezielle Waagen sind im Handel erhältlich und für die wöchentliche Messung zu Hause völlig ausreichend. Bei dieser Methode wird ein schwacher Strom durch den Körper geleitet.
Ermittle höchstens einmal pro Woche deinen Körperfettanteil auf einer solchen Waage – häufiger zu messen, führt dazu, dass man jede Schwankung mit erfasst und dadurch viel schlechter interpretierbare Ergebnisse erhält. Erstelle am besten eine Tabelle, in die du jede Woche deine Werte notierst. Du kannst dann anhand dieser Übersicht immer verfolgen, wie sich deine Werte verändern.
Stelle dich, wenn möglich, immer zur gleichen Zeit auf die Waage. Beispielsweise immer morgens, bevor du gefrühstückt oder etwas getrunken hast.
Keine Panik, wenn morgens das Gerät einen anderen Wert zeigt als abends. Dies ist normal, da sich der Wasseranteil im Körper im Laufe des Tages verändert und somit auch der relative Fettanteil.

Körperfettanteil ermitteln in einer Bioimpedanz-Analyse (BIA)

Bei diesem Verfahren zur Körperfettmessung legt der Arzt meist Elektroden an Fuß und Hand des Patienten an. Auch hierbei wird per Schwachstrom der Widerstand gemessen. Da Fett- und Magermasse Strom unterschiedlich gut leitet, kann somit der Körperfettanteil gemessen werden.
Der optimale Körperfettanteil bei Frauen liegt zwischen 20 und 30 Prozent, bei Männern zwischen 10 und 20 Prozent. Hast du als Frau einen Körperfettanteil von mehr als 30 Prozent oder als Mann von mehr als 20 Prozent und dazu einen BMI von 30 oder mehr, giltst du als stark übergewichtig.

Was sagt dein Bauch

In dieser Übersicht kannst du sehen, ob dein Bauchumfang deiner Gesundheit gefährlich werden kann!

	Gut	Risiko	Hohes Risiko
Männer	‹ 93 cm	› 94 cm	› 102 cm
Frauen	‹ 79 cm	› 80 cm	› 88 cm

Der Taille-Hüft-Quotient: Apfel oder Birne?

Nicht nur der BMI oder die Höhe des Fettanteils spielt eine Rolle für die Ermittlung des Übergewichtes und den damit verbundenen Gesundheitszustand. Wichtig ist auch, wie das Fett am Körper verteilt ist. Studien ergaben, dass bei Personen mit einem großem Taillenumfang (siehe Kasten rechts oben) ein höheres Risiko besteht, an

Taille-Hüft-Quotient

Ob man eher zum Körpertyp Apfel oder Birne neigt, sagt der Taille-Hüft-Quotient.

Männer

Apfeltyp:	THQ größer 1
Birnentyp:	THQ kleiner 1

Frauen

Apfeltyp:	THQ größer 0,85
Birnentyp:	THQ kleiner 0,85

Bluthochdruck, an Herzkrankheiten und Diabetes zu erkranken als bei Personen mit breiten Hüften und Schenkeln. Sobald jedoch ein gewisses Maß überschritten ist (BMI über 40 oder ein Taillenumfang von über 102 Zentimetern bei Männer und über 88 Zentimetern bei Frauen), spielt es keine große Rolle mehr, ob das Fett eher an Po und Hüften oder am Bauch sitzt.
Die zwei eben beschriebenen typischen Fettverteilungsmuster bezeichnet man als Apfel- und Birnenform. Zu welchem Typ du gehörst, kannst du aufgrund deines Taille-Hüft-Quotienten (THQ) feststellen.

So ermittelst du deinen Taille-Hüft-Quotienten

Miss im Stehen mit einem Maßband deinen Körperumfang an der schmalsten Stelle deiner Taille, das ist etwa auf Höhe des Bauchnabels. Dann misst du die breiteste Stelle deiner Hüften, indem du das Maßband um Hüften und Po herum legst.
Teile nun den Taillenumfang durch den Hüftumfang. Das Ergebnis gibt deinen Taille-Hüft-Quotienten an.

Der Apfeltyp

Bei Apfeltypen sitzt überschüssiges Fett vorrangig am Bauch. Und das ist leider problematisch, denn die Bauchfettzellen sind sehr stoffwechselaktiv, anders als die Fettzellen an Po und Hüfte. Das Risiko, an einer Herzkreislauferkrankung oder Stoffwechselstörung zu erkranken, ist deshalb für Menschen mit viel Bauchfett deutlich höher als für Birnentypen.
Viele Männer sind übrigens Apfeltypen. Sie haben meist wenig Fett an Oberschenkeln und Po, sondern nehmen oft zuerst am Bauch zu. Einen Vorteil hat der Apfeltyp aber doch: Das Bauchfett kann man wesentlich schneller wieder losbekommen als die Polster an Hüften, Po und Schenkeln.

Der Birnentyp

Der Birnentyp setzt vorwiegend an den Beinen und am Po Fett an. Viele Frauen gehören zum Birnentyp und kennen dieses Problem. Vorteil für uns Birnentypen, zu denen ich übrigens auch gehöre: Das Fett an Po und Schenkeln ist gesundheitlich weniger bedenklich als das am Bauch. Der Nachteil: Wir müssen viel mehr daran arbeiten, die ungeliebten Pölsterchen in diesem Bereich wieder loszuwerden – und etwas geduldiger sein.

»Je näher das Fett im Körper dem Herzen kommt, umso gefährlicher ist es für die Gesundheit.«

Finde Freude an der Bewegung, dann kommst du sicher in Form!

Sport und Übergewicht

Wenn du Übergewicht abbauen möchtest, spielt der Sport – oder besser gesagt: die Bewegung – eine wichtige und besondere Rolle. Zum einen wird durch körperliche Aktivität der Kalorienverbrauch erhöht. Zum anderen erhöhen übergewichtige Menschen durch regelmäßige sportliche Aktivität auch ihre Leistungsfähigkeit. Und das ist wichtig, denn die Leistungsfähigkeit ist bei stark Übergewichtigen meist gering. Und deshalb schafft man es als stark Übergewichtiger oft gar nicht, Sport bis zur optimalen Belastungsintensität zu treiben. Genau beim Training mit dieser Intensität aber gelingt es erst, abzunehmen.
Wenn Übergewichtige jedoch am Ball bleiben und geduldig weiter Sport treiben, erhöhen sie eben durch das Training ihre Leistungsfähigkeit so weit, dass sie belastbarer werden. Sie können schließlich die körperliche Herausforderung immer intensiver gestalten – und je intensiver das Training, desto besser purzeln die Pfunde! In meiner Arbeit muss ich leider immer wieder feststellen, dass viele übergewichtige Menschen Probleme mit den Knie-, Hüft- und Sprunggelenken haben. Doch selbst wenn schon ein Verschleiß an den Gelenken feststellbar ist, darf nicht komplett auf Bewegung verzichtet werden. Ja, genau das Gegenteil ist der Fall: Gerade bei Gelenkverschleiß ist Bewegung wichtig. Jedoch sollten die Gelenke dabei möglichst wenig belastet werden. Auf das Springen und das Joggen sollte verzichtet werden, beides verschlimmert die Situation nur. Ich verzichte in meiner Arbeit mit Übergewichtigen komplett auf Sportarten, in denen es zu Aufprallbelastungen kommen kann. Das bedeutet, in meinen Trainingsstunden wird nicht gesprungen, gehüpft oder gejoggt.

Beste Argumente

Wer kann denn dazu Nein sagen? Körperliche Aktivität in Form von Bewegung oder Sport hat viele positive Auswirkungen:

- Das Körpergefühl verbessert sich.
- Die Leistungsfähigkeit steigt.
- Die Lebensqualität erhöht sich.
- Der Stoffwechsel funktioniert besser.
- Frustessen wird deutlich reduziert.
- Das Abnehmen passiert fast nebenbei: Durch den Muskelaufbau erhöht sich der Kalorienverbrauch. Das heißt, selbst im Ruhezustand werden dann mehr Kalorien verbrannt als vorher!
- Glückshormone werden ausgeschüttet!

Gelenkschonendes Warm-up

Es hat noch keiner mit Gelenkschmerzen mein Training verlassen. Denn auch ohne ständiges Springen und Hüpfen ist ein anspruchsvolles und anstrengendes Training möglich. Folgende Bewegungen schonen deine Gelenke.

► **Auf der Stelle gehen**
Einfach zügig auf der Stelle marschieren.

► **Fersenstoß**
Tippe mit der Ferse vor dir auf den Boden. Mein Spruch dazu: »Zeig den Leuten das Preisschild unter der Sohle! Zeig ihnen, wie teuer deine Schuhe waren!«

► **Knieanheben**
Auf der Stelle marschieren, dabei die Knie jedoch weiter anheben als beim Marschieren, maximal bis auf Höhe des Bauchnabels.

► **Zehenstrecken**
Einfach abwechselnd die Zehen des linken und des rechten Fußes nach vorn auf den Boden tippen.

► **Seitheben**
Aufrecht stehen, die Beine im Wechsel zur Seite hin anheben.

► **Step-Touch**
Aufrecht stehen, die Beine im Wechsel nach hinten anwinkeln – das heißt die Hacke zum Po führen.
Mein Spruch: »Hacke zur Pobacke!«

Übergewichtige Frauen haben meist auch viel Busen. Dadurch können Schmerzen im Bereich der Brustwirbelsäule entstehen, und auch bei bestimmten Übungen kann es zu Schwierigkeiten kommen. Das offensichtlichste Problem ist erst einmal, einen passenden Sport-BH zu finden. Ein BH ist aber gerade für Frauen mit einer großen Brust sehr wichtig. Ohne Unterstützung wären Bewegungen nur mit Schmerzen verbunden. Ein passender Sport-BH ist daher eine wichtige Anschaffung. Geh dafür ruhig in ein Fachgeschäft. Das Personal dort ist darauf spezialisiert.
Bei Übungen in Bauchlage ist der Busen starkem Druck ausgesetzt. Dies ist oft unangenehm, manchmal sogar schmerzhaft. Abhilfe kann ein Kissen oder ein dickes Handtuch schaffen. Dies legst du unter den Bauch. Das vermindert den Druck auf den Busen. Hilft das nicht ausreichend, verzichte am besten vorerst auf die Bauchlage. Du kannst diverse Übungen ebenso im Vierfüßlerstand ausführen.

»In meinen »dicken Zeiten« wurde mir gesagt, ich hätte ein gebärfreudiges Becken – eine nette Umschreibung für meine breiten Hüften. Heute höre ich, dass ich schmale Hüften hätte. Also: Alles ist möglich.«

So klappt es mit Sport – auch bei Übergewicht

Gleich geht's los! Damit dir das Übergewicht nicht im Weg stehen kann, hier einige Tipps!

▶ **Wenn der Bauch im Weg ist**

Besonders beim Apfeltyp (siehe Seite 19) stört der Bauch. Er ist im Weg, wenn man beim Vorbeugen mit den Händen in Richtung Boden kommen will. **Tipp:** Die Beine etwas mehr als schulterbreit öffnen und leicht die Knie beugen. Der Bauch wird so nicht direkt von den Oberschenkel gestoppt und es fällt leichter, sich nach vorn zu beugen. In Rückenlage stört der Bauch, wenn man die Beine angewinkelt Richtung Brust zieht. Hier hilft es, wenn die Beine geöffnet werden.

▶ **Wenn die Beine noch zu dick sind**

Beim Figurtyp »Birnenform« (siehe Seite 19) ist oft das Fett an Po und Oberschenkeln im Weg. So schaffen es viele nicht, im Stand ein Bein nach hinten zu beugen und das Fußgelenk zu fassen – das Gleiche passiert in der Bauchlage. **Tipp:** Egal ob im Stehen oder Liegen, wenn die Hand nicht zum Fuß reicht, weil die Beine zu dick sind, hilft oft ein Theraband oder ein Handtuch. Man legt Handtuch oder Theraband um den Unterschenkel, kurz über dem Sprunggelenk. Mit einer Hand können jetzt beide Enden des Tuches oder Bands gefasst werden. So kann der Unterschenkel problemlos in Richtung Gesäß gezogen und der vordere Oberschenkel gedehnt werden.

▶ **Kopf hoch – so klappt es!**

Bei Übungen für die Bauchmuskeln fällt es vielen Übergewichtigen schwer, den Kopf anzuheben – die Muskeln sind untrainiert, der Bauchspeck im Weg. Beim Anheben des Kopfes verspannen sich die Muskeln – so entstehen Nackenprobleme. **Tipp:** Hilfreich ist hier ein weicher Ball, auf dem der Kopf leicht abgelegt werden kann. Eine andere Möglichkeit: ein zusammengerolltes Handtuch, das mit beiden Händen hinter dem Kopf gehalten wird. Dieser kann nun im Handtuch abgelegt werden.

▶ **Kick für mehr Bauchkraft**

Bei Kraftübungen für den Bauch fällt es auch vielen schwer, in Rückenlage die Beine angewinkelt zu heben. Viele gehen dabei sehr stark ins Hohlkreuz, was Schmerzen im Lendenbereich verursachen kann. **Tipp:** Leg die Unterschenkel auf einem Pezziball, einer niedrigen Bank oder einem Stuhl ab. Du kannst nach und nach die Übung steigern, indem du das Hilfsmittel immer weniger zum Abstützen nutzt.

▶ **Schluss mit unliebsamer Reibung**

Beim Walken oder Radfahren scheuern die Oberschenkel aneinander – und sie werden wund. Auch an Oberkörper und Armen kann es durch Fettansammlung zu wunden Stellen kommen. **Tipp:** Hier kommt es auf die richtig geschnittene Kleidung an: Passende Shirts und Hosen verhindern, dass Haut an Haut reiben kann. Wenn du nicht auf ein großes T-Shirt verzichten magst, trage darunter ein anliegendes Shirt. Das verhindert Reibung unter den Armen oder an den Brustwarzen. Den gleichen Zweck erfüllt eine etwas enger anliegende Hose an den Oberschenkeln. Auch hier kannst du eine kurze Leggins anziehen und darüber etwas weiter Geschnittenes.

Wie steht es mit deiner Gesundheit und Fitness?

Ich bin immer erschrocken, wie wenig die meisten meiner Kunden über ihren eigenen Gesundheitszustand und ihre Fitness wissen. Und wie wenig viele bereit sind, dafür zu tun. Ich bringe hier gern das Bild mit dem eigenen Auto: Viele behandeln ihr Auto besser als sich selbst. Es wird gepflegt, bekommt den richtigen Sprit und genau so viel Öl, wie es benötigt. Ein Auto kommt regelmäßig in die Inspektion und erhält eine TÜV-Plakette.

Und wann warst du selbst das letzte Mal bei einer Untersuchung? Wenn wir Menschen auch eine TÜV-Plakette beim Arzt erhalten würden, wären die meisten von uns ohne Zulassung unterwegs!

Aber immerhin ist den meisten schon bewusst, welche Risiken Übergewicht, falsche Ernährung und Bewegungsmangel mit sich bringen: Typ-2-Diabetes, Fettstoffwechselstörungen, Gefäßkrankheiten, Arthrose, Depressionen und mehr.

Und eine Veränderung ist nicht so schwierig! Ich habe dir verschiedene Methoden vorgestellt, die dir zeigen, ob du an Übergewicht leidest und wie gut dein Gesundheitszustand ist (siehe ab Seite 16). Wenn deine Werte im »grünen Bereich« liegen, du dich gut fühlst, keine Beschwerden hast und dich ohne Einschränkungen und Schmerzen bewegen kannst, ist ein Arztbesuch nicht unbedingt notwendig. Eine Untersuchung schadet im Allgemeinen aber auch nicht. Ich persönlich habe kein Übergewicht mehr und meine Werte sind optimal, trotzdem unterziehe ich mich jedes Jahr einer großen Untersuchung bei meiner Hausärztin: Sicher ist sicher. Wenn deine Werte nicht im optimalen Bereich liegen und du dich schlapp fühlst, wenn du dich nicht ohne Schmerzen bewegen kannst und schnell außer Atem bist, dann lass dich unbedingt ärztlich untersuchen.

Starte jetzt!

Egal welche Ergebnisse du in den Tests auf den vorherigen Seiten ermittelt hast, für Stufe 1 bist du bereit. Diese funktioniert ganz simpel: Du bewegst dich einfach mehr im Alltag und änderst deine Ernährung. Stufe 1 wird dich nicht überfordern, da du nichts Besonderes dafür brauchst. Du kannst dich überall bewegen, brauchst

Beschwingt, bewegt und unbeschwert: Kinder zeigen uns, dass Bewegung ganz selbstverständlich Spaß macht.

nicht unbedingt einen Trainingspartner – und du allein bestimmst dein Tempo und das Pensum. Damit ist die Wahrscheinlichkeit, dass du aufgibst, ausgeschlossen. Alle Steine, die dir im Weg liegen könnten, habe ich mit Stufe 1 für die ersten zwei Wochen schon beseitigt.
Die guten Aussichten: Du wirst dich fitter und gesünder fühlen. Aktivitäten, die dir vorher schwerfielen, kannst du nach und nach mit weniger Anstrengung ausführen. Du kommst nicht mehr so schnell außer Atem. Auch dass deine Kleidung immer lockerer sitzt, wird dir zeigen, dass du auf dem richtigen Weg bist.

Formuliere deine Ziele!

Mir hat es damals in dieser Phase sehr geholfen, zu wissen, warum ich abnehmen möchte. Immer wenn meine Motivation etwas nachließ, sah ich mir meine Ziele an und wusste wieder, warum ich jetzt diesen Weg gehe. Deshalb formuliere für dich deine Ziele, damit du in schwachen Stunden nachlesen kannst, warum es jetzt wichtig ist, nicht aufzugeben.
Ich kann heute behaupten, dass ich all meine damals formulierten Ziele erreicht habe. Gib dir die Chance, deine Ziele auch zu erreichen! Nimm dir jetzt etwas zu schreiben zur Hand und schreibe deine Ziele auf. Was möchtest du mit deiner Gewichtsabnahme in deinem Leben verbessern? Wovon träumst du?

Bring Bewegung in dein Leben

Wie bereits erwähnt, ist es mir wichtig, dass du langsam damit beginnst, mehr Bewegung in dein Leben zu bringen, dass du deine Ernährung umstellst und dass du bei alldem keinen Stress aufkommen lässt. Das gelingt am besten, wenn du nach der Devise vorgehst: Alles in Maßen und nichts zu extrem. Nur so kannst du eine wirkliche Veränderung auf Dauer zulassen und hast die Chance auf ein glückliches, zufriedenes

Das waren meine Ziele – welche hast du?

Als ich dick war, wünschte ich mir vor allem Folgendes:

- Entspannt einkaufen gehen und alle Klamotten, die mir gefallen, kaufen können.
- Mich endlich wieder so kleiden, wie ich möchte. Das hieß für mich figurbetonte Kleidung: enge Hosen, knappe Oberteile, gern auch mal bauchfrei.
- Meinen Kleiderschrank wieder mit meinen zu klein gewordenen Kleidungsstücken füllen, die ich irgendwann voller Ärger auf den Dachboden gebracht hatte.
- Einfach vorm Kleiderschrank stehen, etwas herausnehmen, anziehen und es passt.
- Wieder das Gefühl zu haben, eine attraktive Frau zu sein.
- Im Sommer mal wieder einen kurzen Rock oder Shorts tragen können.
- Mich wieder gern fotografieren lassen und mir auch gut auf den Bildern zu gefallen.

» Viele **fragen** mich: »Silke, **muss ich** mich unbedingt bewegen, wenn ich abnehmen möchte?« Meine Antwort lautet immer: »**Ja, du musst** dich bewegen, nicht nur um abzunehmen. Schließlich haben wir doch **Arme und Beine.** Wenn wir dazu **bestimmt** wären, uns nicht zu **bewegen**, bräuchten wir sie nicht! «

Leben mit viel Freude an gutem, gesundem Essen und Bewegung. Dieses Kapitel führt dich genau in diesem Sinne durch die ersten zwei Wochen. Es beginnt ganz einfach und gibt dir genügend Zeit, dich ganz langsam an eine Veränderung zu gewöhnen.
Es gibt keinen Grund mehr, der dich jetzt noch daran hindert, dich mehr zu bewegen. Ab jetzt beginnen wir mit dem Training. Dein Trainingsprogramm für die nächsten zwei Wochen besteht einfach darin, dass du dich den ganzen Tag über mehr bewegst. Mehr bewegen bedeutet nicht, dass du ab heute viel Zeit dafür aufwenden musst und dein Leben komplizierter wird.
Die Zeit der Ausreden ist vorbei. Du brauchst dir kein aufwendiges und teures Equipment zu besorgen und musst auch nicht erst Mitglied in einem Fitnessstudio werden oder dich neu einkleiden. Bewege dich einfach mehr in deinem Alltag.

Bewegen und richtig essen – die Mischung macht's!

Hast du mehr Bewegung in deinem Alltag gebracht, so kannst du in einem zweiten Schritt eine Sportart finden, die du dann 2- bis 3-mal wöchentlich ausübst. Studien haben gezeigt, dass es einfacher ist, das neue »schlanke« Gewicht zu halten, wenn während und nach der Gewichtsreduktion mehr Sport getrieben wurde. Menschen, die Gewicht nur mit sportlicher Aktivität reduziert haben, hatten häufiger wieder mit der Gewichtszunahme zu kämpfen, sobald sie ihre körperliche Aktivität wieder einschränkten. Eine Reduktion nur mit Reduzierung der Kalorienzufuhr führt meistens zum Jo-Jo-Effekt.
Die Gründe liegen auf der Hand: Eine ideale Methode, den uns so bekannten Jo-Jo-Effekt zu vermeiden, ist eine Kombination aus effektiver Bewegung und einer ausgewogenen Ernährung. Bewegung ist der Schlüssel für mehrere Vorgänge, die das Abnehmen bewirken oder unterstützen und auch die Gesundheit und das Wohlbefinden steigern. So bewirkt Bewegung durch die Beanspruchung des Körpers, dass Fett verbrannt wird und Muskeln aufgebaut werden. Je mehr man sich bewegt, umso mehr verändert sich das Verhältnis von Fett- und Muskelanteilen. Da Muskeln einen hohen Energieverbrauch haben, erhöht sich damit der tägliche Grundverbrauch an Energie und damit Kalorien. Das Abnehmen beschleunigt sich.

» *Gönne deinem Körper etwas mehr Bewegung – und er verzeiht dir auch ab und an mal eine Sünde.* «

Das Schöne an der sportlichen Bewegung ist, dass die gefühlte Anstrengung mit dem Trainingsfortschritt immer geringer wird. Während man sich am Anfang schon sehr zusammenreißen muss, um überhaupt in Fahrt zu kommen, werden dir bald diese bewegten Momente gar keine Schwierigkeiten mehr machen.

Gleichzeitig macht Bewegung zufrieden und ausgeglichen. Wer kennt nicht das wunderbare Gefühl, wenn man nach einem langen Spaziergang oder einer Fahrradtour nach Hause kommt! Man ist zufrieden mit sich und seiner Umwelt. Auf diese Art werden die Anlässe für Frustessen und Naschen zwischendurch auch immer seltener. Das Essverhalten reguliert sich wieder auf einem natürlichen Level ein. Ohne Verzicht nimmt man ab. Es gibt noch unzählige weitere Gründe, warum sportliche Bewegung unbedingt Bestandteil deines Alltags werden soll. Angefangen von den gesundheitsfördernden Aspekten bis hin zum Ausschütten von Glückshormonen, was unter anderem sogar Depressionen vorbeugt.
In Anbetracht der elementaren Bedeutung, die Bewegung für unser Wohlbefinden hat,

Die wichtigsten Gründe für mehr Bewegung

Komm in Bewegung – nicht nur für weniger Gewicht, sonder primär für deine Gesundheit, Fitness und dein Wohlbefinden.
Es gibt unzählige gute Argumente für mehr Aktivität – hier einige davon:

- Bewegung hält dich gesünder
- sie kräftigt deine Muskulatur und steigert die Belastbarkeit deiner Knochen, Sehnen und Bänder
- Bewegung stärkt dein Immunsystem
- Bewegung kräftigt dein Herz, senkt die Pulsfrequenz und den Blutdruck
- sie normalisiert die Blutfettwerte und den Cholesterinspiegel
- sie verlangsamt den Alterungsprozess
- durch Bewegung wird mehr Sauerstoff aufgenommen und dieser wird im Körper besser genutzt
- Bewegung hilft überschüssiges Körperfett zu reduzieren
- Bewegung hält schlank
- sie strafft das Bindegewebe, du wirst wendiger, hast eine bessere Haltung und weniger Rücken- und Gelenkschmerzen
- Bewegung zügelt den Appetit
- Bewegung steigert dein Wohlbefinden und dein Selbstwertgefühl
- Bewegung sorgt für einen besseren und erholsamen Schlaf
- Bewegung fördert den Stoffwechsel

Eine ganz einfache Lösung: zwischendurch immer wieder bewusst die Beine statt Fahrstuhl und Rolltreppe benutzen!

kann ich jedem nur raten, sich und seinen Körper langsam an mehr Bewegung zu gewöhnen. Ganz ohne Stress und Leistungsdruck. Nach einiger Zeit gewöhnst du dich daran, dich mehr zu bewegen und immer mehr aus eigener Körperkraft zu schaffen. Du wirst merken, wie viel Möglichkeiten der Alltag bietet, sich seine eigenen »Bewegungsinseln« zu schaffen. Während der Hausarbeit, beim Einkauf, während der Arbeit, sogar bei Autofahrten. Hast du dich einmal daran gewöhnt, wird es für dich keine Anstrengung mehr sein! Dennoch weiß ich aus meiner Erfahrung als Personal Trainer, dass einem am Anfang viele Ausreden einfallen, gar nicht erst mit dem Training zu beginnen. Immer wieder ist zu hören: Ich hab zu wenig Zeit, ich habe kein Geld für teures Equipment, ich schäme mich, weil alle im Studio oder draußen mich immer so komisch anschauen …

Immer bewegter

Und so kannst du deine tägliche Bewegung ganz einfach steigern:

- **Beim Arbeiten**
Alles was du oft benutzt, etwa im Büro den Tacker, Locher, Drucker oder das Telefon, stellst du möglichst weit von deinem Platz entfernt auf. So musst du immer eine Strecke gehen, und wirst Schritt für Schritt fitter.
- **Beim Fernsehen**
Wenn schon vor der Kiste sitzen, dann wenigstens die Fernbedienung weit weg legen. Sobald das Programm gewechselt werden soll, musst du dich bewegen: Schritt für Schritt zur Traumfigur!
- **Unterwegs**
Parke deinen Wagen immer bewusst ein Stück weit vom Ziel entfernt, so dass du noch einen Fußmarsch absolvierst.
- **Im Haushalt**
Wenn du zum Beispiel Getränke aus dem Keller holst, bring einfach mehrere Zusatzstrecken ins Spiel. Das heißt, anstatt die ganze Kiste Wasser auf einmal zu tragen, trägst du immer nur ein paar Flaschen auf einmal hoch.

Die »beliebtesten« Ausreden und wie du diese selbst außer Gefecht setzt, liest du auf Seite 54. Dabei ist die Lösung ist so einfach. Wir beginnen ab heute mit Stufe 1 und bewegen uns zwei Wochen lang einfach mehr in unserem Alltag. Wir benötigen kein teures Equipment und müssen auch nicht viel Zeit dafür opfern.

Mit Krafttraining rundum fit und in Form

Die Begriffe »schön, schlank, gesund« werden nicht selbstverständlich mit Krafttraining in Zusammenhang gebracht. Krafttraining ist immer noch mit vielen Vorurteilen behaftet. Solche wie: »Das macht die Beine dicker!« oder: »Ich werde dadurch schwerer und nehme nicht ab.« Jedesmal, wenn ich mich mit einem Neukunden zu einem Erstgespräch treffe, höre ich die gleichen Bedenken. Alle wollen ihren Gesundheitszustand verbessern und ihr Gewicht reduzieren, viele lehnen aber das Krafttraining zu Beginn ab. Wenn ich dann aber erklärt habe, welche positiven Auswirkungen Krafttraining für die Gesundheit und welche Vorteile es für die

Kraftübungen ganz nebenbei

Keine Zeit, keine Zeit? So lässt du deine Muskeln nebenbei wachsen!

▸ **Beim Autofahren**

Du sitzt im Auto, die Ampel ist rot? Zeit, schnell mal eine Trainingseinheit für straffe Oberarme einzulegen! Umfasse das Lenkrad mit beiden Händen ganz fest. Halte diese Anspannung in den Oberarmen, bis die Ampel auf Grün springt. Wiederhole dies bei jeder roten Ampel oder auch im Stau immer wieder.

▸ **Beim Einkaufen: an der Kasse**

Stehst du im Supermarkt an der Kasse und musst warten? Nutze diese Zeit und lege deine Handinnenflächen von unten an den Griff des Einkaufswagens. Hebe jetzt für ein paar Sekunden den Einkaufswagen unmerklich in die Höhe, halte ihn ein paar Sekunden und setze ihn vorsichtig wieder ab. Diese Übung mehrmals wiederholen. Das strafft die Arme.

▸ **Beim Einkaufen: bewusst tragen**

Und auf dem Nachhauseweg geht es weiter: Du trägst schwere Einkaufstüten. Stell dich gerade hin, ziehe die Schulterblätter in Richtung Hosentasche und stabilisiere deine Körpermitte, indem du den Bauchnabel in Richtung Wirbelsäule ziehst. Jetzt hebst und senkst du die Unterarme. Hiermit trainierst du deinen Bizeps.

▸ **Immer und überall**

Im Auto, im Fahrstuhl, im Büro, im Bus, im Supermarkt: schnell mal ein kleines Training für einen knackigen Po. Kneife deine Pobacken fest zusammen und halte diese Anspannung etwa 10 Sekunden, danach wieder entspannen. Wiederhole das 10-mal.

▸ **Kraft tanken beim Zähneputzen**

Nutze die Zeit, in der du dir die Zähne putzt. Gehe in die Position »Plie Squat« (siehe Kasten auf Seite 60). Beuge und strecke nun die Knie 15- bis 20-mal.

Oder du stellst dich mit dem Rücken an die Wand, die Füße hüftbreit auseinander. Beuge die Knie jetzt so weit, dass die Oberschenkel fast waagerecht sind. Nur dein Gesäß und dein Oberkörper berühren die Wand. Halte diese Position, so lange es dir möglich ist. Das trainiert die Oberschenkel.

*» Immer daran **denken**: Jede Bewegung bringt dich deinem **Ziel** näher. **Bewegst** du dich **viel**, bist du **schneller** am Ziel, bewegst du dich weniger, bist du etwas langsamer am Ziel. Aber **du kommst an.** «*

Gewichtsreduktion hat, ändern die meisten sehr schnell ihre Meinung. Die neuesten Studien belegen, dass Muskeln einen sehr großen Einfluss auf den Körper haben. Wenn Muskeln aktiv sind, kurbeln sie chemische Vorgänge an, sie können das Immunsystem beeinflussen und sich positiv auf das Gehirn auswirken.

Schöner, schlanker, gesünder mit Muskeln!

Es gibt teilweise überraschende Erkenntnisse, welche positive Wirkung Krafttraining haben kann. Hier einige Beispiele: Regelmäßiges Krafttraining reduziert leichten Bluthochdruck, wirkt gegen chronische Erkrankungen des Bewegungsapparates wie Nacken- und Gelenkschmerzen und beugt Blutzuckererkrankungen und Altersdiabetes vor. Außerdem verbessert es die Denkfähigkeit, stärkt das Immunsystem und strafft das Hautgewebe.

Und wie steht es mit Krafttraining beim Abnehmen? Das ist eine einfache Rechnung: Muskulatur benötigt für ihre Arbeit Energie. Je mehr Muskulatur vorhanden ist, umso mehr Energie wird benötigt. Mehr verbrauchte Energie bedeutet einen größeren Kalorienverbrauch. Verbrauchst du mehr, als du zu dir nimmst, bedeutet das für dich eine Gewichtsreduktion!

Muskeln verbrauchen viel Energie – und das nicht nur während des Trainings. Wenn du deine Muskeln trainierst, hast du 24 Stunden am Tag einen größeren Energieumsatz. Beanspruchen oder trainieren wir unsere Muskeln nicht, nimmt die Muskelmasse ab. Ab dem 30. Lebensjahr baut ein Mensch alle 10 Jahre im Schnitt 3 Kilogramm an Muskelmasse ab. Wen wundert es jetzt, dass es mit zunehmendem Alter immer schwieriger wird, sein Gewicht zu halten oder zu reduzieren? Je weniger Muskelmasse du hast, desto schneller nimmst du ja zu – die »dankbaren Energieverbraucher« fehlen, aufgenommene Energie wird nicht verbrannt, sondern wandert direkt in die Fettdepots des Körpers!

Gut kombiniert

Neben der Kraft spielt auch die körperliche Belastbarkeit für die Gesundheit eine große Rolle. Eine Kombination aus Kraft- und Ausdauertraining ist daher der beste Weg, um deinen Körper und deinen Geist bis ins hohe Alter gesund und fit zu halten.

Fazit: Gib deinen Muskeln das, was sie brauchen – fordere sie! Und biete deinem Körper neben dem Krafttraining stets auch ein Ausdauertraining (Tipps auf der hinteren Klappe des Buches). Das ist dein persönlicher Gesundheits- und Jungbrunnen.

Der Ernährungs-Check

Noch nie zuvor gab es so viele unterschiedliche Ernährungstipps und gute Ratschläge zum Thema gesunde Ernährung wie heute. Diese Vielfalt macht es einem nicht immer leichter, den richtigen Weg für sich zu finden. Sicher ist nur, dass es nicht »die eine« Lösung gibt. Denn dafür ist jeder Mensch zu individuell – jeder hat andere Bedürfnisse, Veranlagungen und Vorlieben.
Um auch langfristig die Ernährung umzustellen, gehört die Freude am Essen unbedingt zu jedem Abnehmplan. Denn nur so vermeidest du das Gefühl, ständig zu verzichten. Genau dieses Gefühl ist nämlich der Grund, warum so viele Diäten und extreme Ernährungsumstellungen scheitern. Selbst meine Tipps und Ratschläge sind kein Dogma, sie sollen dir lediglich eine Richtung weisen.

Wichtig ist, dass du dich mit deiner Ernährungsumstellung wohl fühlst und das Ganze nicht nur als eine vorübergehende Einschränkung siehst. Diese Erkenntnis hat mir geholfen, Gewicht zu reduzieren und ohne große Entbehrungen auch zu halten. Denn ich bin kein Kostverächter, ich liebe gutes Essen und genieße es heute mehr als früher.
Auf den folgenden Seiten möchte ich dir helfen, herauszufinden, wie es mit deinem Essverhalten steht und wie wir es gemeinsam in kleinen Schritten optimieren können. Du findest Tipps und Tricks, die du wirklich in deinen Alltag integrieren kannst. Eine weitere gute Nachricht: Der komplette Verzicht auf die persönlichen Versuchungen ist nicht erforderlich! Für mich sind diese Versuchungen die Süßig-

keiten. Für andere ist es fettes Essen, wie Chips und Pommes, oder auch Alkohol. Wenn ich dir also Tipps für den Umgang mit Süßigkeiten gebe, kannst du diese auf alle anderen Versuchungen übertragen.

» *Zeig mir den* ***Inhalt*** *deines Kühlschranks und ich* ***sage dir****, wie viel du* ***wiegst****.* «

Ein Blick in den Kühlschrank

Ich durfte in meinem Leben schon in viele Kühlschränke schauen und war meist sehr überrascht. Manche waren fast leer, und ich musste mich fragen, wie der Besitzer dieses Kühlschranks überhaupt Übergewicht haben konnte – offensichtlich nahm er ja nichts zu sich! Doch das Problem war in diesen Fällen wohl eher, dass jemand zu Hause nichts aß und schon gar nichts selbst zubereitete. Es wurde immer schnell unterwegs gegessen oder etwas per Telefon bestellt. Auf diese Art entwickelt man kein Verhältnis zu Nahrungsmitteln. Es wird einfach irgendetwas gegessen.
Andererseits konnte ich gerade bei Familien in Kühlschränke schauen, die sehr üppig gefüllt waren. Mir fiel dabei oft direkt auf, dass sehr viele Fertigprodukte mit einem hohen Zucker- und Fettanteil vorhanden waren. Das unterste Fach, für mich klassisch der Platz für Gemüse und Obst, war mit allem Möglichen gefüllt, jedoch fand ich dort kein Obst oder Gemüse. Es gab in diesen Kühlschränken kaum natürliche Farbe. Die einzige Farbe, die ich in manchen Kühlschränken fand, war die Farbe der verschiedenen Aufkleber und Verpackungen. Diese ist jedoch hier natürlich nicht gemeint.
Wir werden jetzt gemeinsam deinen Kühlschrank untersuchen. Bitte schau dazu das Bild auf dieser Seite an. Wie sieht dein Kühlschrank aus? Ähnlich wie der im Bild unten? Dann werden wir jetzt gemeinsam aufräumen. Zuerst checkst du, welche Zucker- und Fettfallen und welche Fertigprodukte du im Kühlschrank findest (siehe Tippkasten Seite 32). Und ab sofort füllst du deinen Kühlschrank so:

- Das unterste Fach ist ab jetzt dein Obst- und Gemüsefach. Dieses Fach ist dein Vitaminfach, mit viel natürlicher Farbe.

Vollgestopft mit Ungesundem und Süßem: So sollte dein Kühlschrank nicht aussehen!

- Deine Getränke im Kühlschrank sind: hauptsächlich Wasser, in geringen Mengen Direktsaft und fettarme (1,8 %) Milch. Entscheide du, was dir schmeckt. Wichtig: Gehe sehr sparsam damit um.
- Das macht deinen Kühlschrank zur gesunden Vorratsstation: Zuckerfreie Fruchtaufstriche, Geflügelaufschnitt, magerer Schinken, Käse, mageres Fleisch und magerer Fisch, Eier, Milchprodukte, wie Joghurt, Kefir, Buttermilch (alles im natürlichen Zustand, ungezuckert).

Wichtig: Beginne langsam, den Inhalt deines Kühlschranks umzustellen. Bevor du das nächste Mal einkaufen gehst, lies bitte die Anregung zum Füllen des Einkaufswagens im Kasten auf der rechten Seite. Kauf ruhig erst einmal die gesunden Produkte, die du schon kennst – und nach und nach auch immer mehr »Neues«, bisher Unbekanntes. Die Umstellung sollte jedoch insgesamt nicht länger als zwei bis drei Wochen dauern.

Lass uns einkaufen gehen!

Wenn ich heute im Supermarkt an der Kasse stehe, schaue ich meist in andere Einkaufswagen. Oft erschrecke ich und stelle fest, dass ich beim Anblick der Dinge in diesen Wagen schon keinen Hunger mehr habe, geschweige denn Appetit oder Lust aufs Essen aufkommt. Es sind oft mehr Verpackungen als wirkliche Lebensmittel zu finden. Gläser, Dosen, Plastik… Ich suche meist vergebens nach einer Paprika, einer Gurke, nach Tomaten oder Äpfeln. Wenn ich mir dann die Person hinter dem Einkaufswagen anschaue, passt das Bild. Ganz nach dem Motto: Zeig mir deinen Ein-

Silkes Tipp

Achtung: Fett- und Zuckerfallen im Kühlschrank

Wirf jetzt gleich einen kritischen Blick in deinen Kühlschrank. Diese Dinge müssen raus!

Zuckerfallen: Fruchtjoghurt, Fruchtquark, Fruchtbuttermilch, Sahnepudding, Sahnequark, Sahnejoghurt, Puddings, Limonaden, Kakaogetränke, Marmelade, Schokobrotaufstrich, Süßigkeiten (Schokolade, Schokoriegel, Kinderschnitte, Pralinen, Kekse und anderes).

Fettfallen: fette Wurst (wie Fleischwurst, Mortadella, Leberwurst, Teewurst), fetter Käse.

Fertigprodukte: Kartoffel- oder Eiersalate, diverse Soßen- oder Salatkräutermischungen, Mayonnaise.

Von den genannten Lebensmitteln solltest du nur noch so wenig wie möglich vorrätig haben. Natürlich sind sie nicht grundsätzlich verboten. Ein Sahnejoghurt oder ein Sahnepudding sind hin und wieder erlaubt, schließlich wollen wir ja unsere Ernährung umstellen, ohne auf bestimmte Lebensmittel völlig zu verzichten. Aus meiner Erfahrung kann ich jedoch nur dazu raten, solche Lebensmittel nicht ständig vorrätig zu haben. Dies verführt nur dazu, öfter als man möchte der Versuchung nachzugeben…

Besser: Gönne dir diese Lebensmittel einmal in der Woche ganz bewusst. So verzichtest du nicht ganz und kannst sie dann richtig genießen.

Den Einkaufswagen optimal »betanken«

Um den Einkaufswagen optimal zu füllen, hilft dir die folgende Boxenstopp-Übersicht. Und die Stopphäufigkeit geben dir die Boxenstoppnummern an:

1 = sehr oft
2 = oft
3 = häufig
4 = weniger oft
5 = sehr selten

1 Dieser Boxenstopp sorgt für den lebenswichtigen Sprit: Obst und Gemüse.

2 Ein Boxenstopp für den Ölwechsel zu den gesunden pflanzlichen Fetten: Olivenöl, Rapsöl, Avocados, Traubenkernöl, Kürbiskernöl und Öl aus Nüssen.

3 Der Boxenstopp, der für mehr Kraft durch Eiweiß sorgt: Milch- und Käseprodukte, Fisch, mageres Fleisch, Eier und Hülsenfrüchte.

4 Dieser Boxenstopp garantiert durch Vollkornprodukte für genügend Ballaststoffe: Vollkornbrot, Vollkornnudeln, Vollkornreis.

5 Ein Boxenstopp nur für den Ausnahmefall: Süßigkeiten und Weißmehl.

kaufswagen und ich sage dir, wie schwer du bist. Damit in Zukunft der Inhalt deines Einkaufswagens auch zu deinem neuen Lebensmotto passt, zeige ich dir zwei Arten von Einkaufswagen (siehe Bilder auf Seite 34). Denn die Umstellung deiner Ernährung fängt beim Einkaufen an. Denke immer daran: Das, was sich im Einkaufswagen befindet, wird auch von dir gegessen.

Schritt für Schritt zum neuen Essverhalten

Es ist mir wichtig, dass du dir genügend Zeit für die Veränderung deines Essverhaltens nimmst. Schließlich lebst du schon eine gewisse Zeit so. Du hast dich an viele Verhaltensweisen und an einen gewissen Geschmack (Zucker, Fett) gewöhnt. Eine sofortige Umstellung würde dir das Gefühl geben, dass du wieder auf vieles verzichten musst. Gerade dieses Gefühl möchte ich vermeiden, da keiner von uns ewig verzichten möchte und die Umstellung wieder nur von kurzer Zeit wäre. Aber genau das wollen wir nicht!

Deshalb ist es wichtig, sich bewusst zu machen, wann man das Gefühl hat, auf etwas verzichten zu müssen: Das Gefühl des Verzichts kommt auf, wenn bestimmte

*» Bring mehr natürliche **Farbe** auf deinen Ernährungsplan – mit frischem **Obst** und **Gemüse**. Ganz nach dem Motto: Farbig macht **schlank**. «*

Kommt dir ein solcher Einkaufswagen bekannt vor? Dann solltest du schnell auf die gesunde Überholspur wechseln ...

... und in Zukunft deinen Einkaufswagen eher so wie diesen hier füllen!

Nahrungsmittel oder Getränke, die dir besonders gut schmecken, von heute auf morgen verboten sind. Ein Beispiel: Du trinkst bisher ausschließlich zuckerhaltige Getränke. Wasser oder zuckerfreie Getränke schmecken dir einfach nicht. Wenn ich jetzt von dir verlangen würde, ab heute nur noch Wasser zu trinken, wäre dies ein zu harter und auch unsinniger Schritt.

Wir gehen's langsam an

Es ist wichtig, Veränderung schrittweise ins Leben zu integrieren. Ich würde dir in unserem Beispiel raten, nach und nach immer weniger zuckerreiche Getränke zu konsumieren. Du beginnst damit, erst 20 Prozent deiner Getränke durch Wasser zu ersetzen und steigerst dich nach und nach. Du wirst merken, dein gesamtes Geschmacksempfinden wird sich verändern. Je mehr zuckerärmere oder zuckerfreie Getränke du trinkst, umso sensibler schmeckst du den Zucker. Irgendwann wird dir stark Gesüßtes nicht mehr so gut schmecken und du wirst die Vorzüge der Alternativen erkennen.

Wichtig bei allen nachfolgenden Punkten ist, dass du dir Zeit lässt. Denn Geschmack ist auch Gewöhnung. Du kannst dich an Süßes und Fettiges gewöhnen und dann schmeckt gerade dies dir besonders gut und

Besser schenken

Immer wenn ich früher meiner Tochter, meiner Nichte oder meinem Neffen etwas Gutes tun wollte, habe ich ihnen etwas mitgebracht. Meist waren es Süßigkeiten. Ich habe mein Verhalten geändert. Wenn ich heute Kindern oder auch Erwachsenen etwas Schönes schenken möchte, sind es keine Nahrungsmittel mehr. Entweder ist es ein schönes Buch, ein Gutschein für eine Wellness-Behandlung, Bewegungsspiele, Hörspiele etc. Es gibt so viele gute Ideen, um anderen eine Freude zu machen – und bei solchen Geschenken ist die Freude viel größer als bei einer Süßigkeit.

So lernst du, mehr zu trinken

Mit den folgenden Tricks fällt es leichter, die Flüssigkeitszufuhr zu erhöhen.

- Gewöhne dich daran, morgens gleich nach dem Aufstehen ein Glas Wasser (mindestens 200 Milliliter) zu trinken.
- Zum Frühstück gibt es eine Tasse Kaffee oder Tee (ungesüßt).
- Beschaffe dir eine schöne Flasche, die 1 bis 1,5 Liter fasst, und trage sie immer bei dir: im Büro, im Auto – überall immer griffbereit. Leere diese jeden Tag noch vor 18 Uhr. Lass die Flasche Wasser dein Wegbegleiter werden. Wenn dir dies albern vorkommt, so sieh dir Fotos und Interviews von Hollywood-Stars an: Sie machen es genauso!
- Abends gibt es noch einen Extra-Drink, zum Beispiel ein Glas Tee oder Wasser mit einem Spritzer Zitronensaft.
- Nutze über den ganzen Tag verteilt einfach jede Möglichkeit, Flüssigkeit aufzunehmen. Ein Tipp noch dazu: Stell dir einfach ein Boot, einen Fluss und eine Ladung für das Boot vor – die Ladung besteht in dieser Vorstellung aus Fett! Und so funktioniert unser Körper: Ohne Wasser kann das Boot seine Ladung nicht abtransportieren. Das heißt für dich: Das Fett bleibt. Also, wenn du abnehmen möchtest, trinke viel, damit zahlreiche Boote den Fluss entlangfahren und ganz viel Fett wegbringen können.

du möchtest nicht mehr darauf verzichten. Du kannst dich aber auch an weniger süße und fette Lebensmittel gewöhnen. Und sobald das geschehen ist, schmecken dir fettige, süße Lebensmittel nicht mehr.

Genügend trinken – denn Wasser macht schön

Laut einer aktuellen Studie verbraucht man einfach durch das Trinken von Wasser Kalorien. Es ist nicht viel, aber immerhin etwa 100 kcal pro Liter. Der Grund dafür ist, dass der Körper das Wasser auf Körpertemperatur erwärmen muss. Das bedeutet, er muss etwas tun und verbraucht dafür Energie. Und Energie zu verbrauchen bedeutet Kalorien verbrauchen. Wenn du täglich einen halben Liter Wasser zusätzlich trinkst, kannst du in einem Jahr etwa 2,5 Kilogramm Körperfett verlieren. Also trinken, trinken, trinken …

Viele meiner Kunden trinken schlichtweg zu wenig. Sie wissen zwar alle, dass es wichtig ist, genügend zu trinken, vergessen es aber in Stresssituationen immer wieder. Um sie dazu zu bringen, doch mehr zu trinken, halte ich ihnen Folgendes immer vor Augen: Das Trinken hält jung, macht schlank und verleiht der Haut ein gesundes und vor allem pralles Aussehen. Oder möchtest du aussehen wie eine vertrocknete Pflaume?

Fällt es dir trotz allem weiterhin sehr schwer, genügend zu trinken, dann greife bewusst auch immer wieder zu Nahrungsmitteln mit einem hohen Wasseranteil, wie Obst und Gemüse.

Wie du jetzt weißt, ist das Trinken ganz wichtig. Es ist aber auch wichtig, was getrunken wird. Meide am besten alle Getränke, die viel Zucker, Aromastoffe, diverse Geschmacksverstärker oder andere Zusatzstoffe enthalten, ebenso künstliche Farbstoffe. Genauso ist es und auch Energiedrinks. Dein Körper kann und darf darauf verzichten.

Die Ampel der Getränke

Achtung, wenn du das trinkst, befindest du dich im roten Bereich!

- Cola, Fanta, Sprite ...
- Limonaden
- Alkoholische Getränke
- Eistee
- Kakao
- Milchshakes mit Zuckerzusatz

Dies ist der gelbe Bereich.

- Gemüsesäfte
- Saftschorlen
- Kaffee
- Direktsäfte
- Kefir
- Buttermilch
- Bionade

Mit diesen Getränken bist du im grünen Bereich.

- Wasser
- Früchtetee
- Kräutertees (ungesüßt)

Freie Fahrt für die richtigen Getränke!

Die Frage, wie oft du zu den jeweiligen Farben greifen sollst, kannst du dir selbst beantworten. Betrachte es mal so: Du fährst mit deinem Auto und kommst an vielen Ampeln vorbei. Was gefällt dir da am besten? Wenn sie immer rot sind? Bestimmt nicht! Du wünschst dir wahrscheinlich, dass alle Ampeln Grün anzeigen würden. Ab und zu mal Gelb wäre auch noch in Ordnung, dann kannst du selbst entscheiden, ob du eben noch Gas gibst oder doch schon anhältst. Wären die Ampeln immer Rot, würde dich das sicher ärgern. Wenn sie ganz selten mal Rot zeigen, würde es dich aber wohl nicht zu sehr stören. Fazit: Es kommt immer auf die Dosierung an! Trinke also einfach mit Blick auf die Ampel der Getränke (siehe Grafik links) – und zwar so, wie du es auch bei der Anzeige an den Ampeln auf der Straße in Ordnung fändest, wenn du mit dem Auto unterwegs bist: ganz oft Grün, ab und an mal Gelb und sehr, sehr selten Rot.

Bring Farbe in dein Leben!

Auf der Getränkeampel soll es grün sein. Aber ansonsten darfst du deinen Speiseplan farbig gestalten! Frage dich also: Isst du bunt genug? Isst du Lebensmittel in mindestens drei verschiedenen Farben täglich? Damit meine ich keine künstlichen Farben, etwa in Süßigkeiten oder Softgetränken, sondern natürlich farbige Lebensmittel in Form von Obst und Gemüse. Je mehr du nämlich davon isst, umso besser geht es dir. Es stecken nicht nur Vitamine, Ballaststoffe

Silkes Tipp

Das Beste für die Kids!

Gerade für Kinder ist es wichtig, genug Obst und Gemüse zu essen. Und so setzt du dieses Ziel in deiner Familie spielerisch um:
Starte einen Wettbewerb: Wer isst Lebensmittel in den meisten verschiedenen (natürlichen) Farben an diesem Tag, innerhalb einer Woche, im ganzen Monat ...? Wer findet neue Farben, Nuancen, Kombinationen? Wer isst sich durch die schönste und größte Farbpalette?
Oder du versuchst es mal mit einem Probierwettbewerb: Kaufe möglichst viele verschiedene Obst- und Gemüsesorten. Mit verbundenen Augen muss erraten werden, um welche Obst- oder Gemüsesorte es sich handelt. Der Gewinner darf sich etwas wünschen, was mit Bewegung zu tun hat. Also einen Ausflug ins Schwimmbad oder in einen Freizeitpark. Der Fantasie sind keine Grenzen gesetzt. Spielerisch fördern solche Spiele die Kommunikation in der Familie – und führen alle in ein gesünderes Leben mit mehr (natürlichem) Geschmack.

*» Je **stärker** Lebensmittel **verarbeitet** wurden, umso mehr **nimmst** du davon **zu**. Also Hände weg von Fertigprodukten, wenn du **abnehmen** möchtest! «*

und Mineralstoffe drin, sondern auch jede Menge sekundäre Pflanzenstoffe, die dein Immunsystem stärken und den Stoffwechsel anregen.
Es ist für mich manchmal erschreckend zu erleben, dass es Menschen gibt, die nicht wissen, was eine Zucchini, eine Aubergine oder eine Mango ist. Es gibt Kinder, die meinen, dass die Milch aus dem Supermarkt kommt und der Kartoffelbrei aus der Packung. Einige Kinder kennen bestimmte Geschmacksstoffe erst in künstlicher Form, bevor sie diese irgendwann einmal in natürlicher Form kennenlernen.
Dazu fällt mir ein Beispiel ein: Die Mutter eines kleinen Mädchens erzählte mir ganz stolz, dass ihre Tochter unheimlich gern einen bestimmten Erdbeerjoghurt äße. Einen Fruchtjoghurt mit viel Zucker, Sahne und vermutlich ohne einzige frische Erdbeere. Als ich die Mutter fragte, ob die Kleine denn auch so gern frische Erdbeeren möge, musste ich erfahren, dass dieses kleine Mädchen noch nie in ihrem Leben frische Erdbeeren gegessen hatte. Genau hier liegt das Problem. Denn so gewöhnen sich Kinder an stark verarbeitete Lebensmittel und deren Geschmack: künstlich aromatisiert, sehr süß, unnatürlich.
In meiner Arbeit mit übergewichtigen Familien habe ich bemerkt, dass bei vielen nur wenig frisch zubereitet wurde. Es gab stets viele Fertigprodukte, immer mit Aus-

Was deinen Teller bunt aussehen lässt, sollte Obst und Gemüse sein – nicht Gummibärli & Co.!

Silkes Tipp

Das Party-Problem

Wenn ich weiß, dass ich demnächst auf eine Party oder zum Familienfest eingeladen bin, spare ich mir vorher eine Woche meine »Süßigkeitenpunkte« auf und sammle noch ein paar extra Punkte mit zusätzlicher Bewegung. Dann kann ich mich ohne schlechtes Gewissen und mit viel Freude und Genuss meinen Versuchungen hingeben!

reden wie: Das Essen ist so schneller zubereitet, es ist günstiger – und die Kinder mögen ohnehin nichts anderes essen. Dem letzten Argument muss ich dann zustimmen: Kinder, die mit Fertiggerichten groß werden und nur künstliche Aromen und Geschmacksverstärker kennen, mögen irgendwann nichts Frisches, Naturbelassenes mehr, da sie dessen Geschmack nicht kennen und ihnen das Ungesüßte, Natürliche oft nicht intensiv genug schmeckt.
Natürlich höre ich von vielen meiner Kunden, dass sie keine Zeit hätten und deshalb selbst nichts Frisches zubereiten könnten – und darum müssten sie auf Fertigprodukte zurückgreifen. Diese seien schnell und einfach zuzubereiten und auch noch preiswerter. Wenn man sich näher damit beschäftigt, stellt man aber fest, dass Fertiggerichte gar nicht preiswerter sind und dass für die Vor- und Zubereitung einer frischen Mahlzeit auch nicht unbedingt mehr Zeit nötig ist. Es ist alles eine Frage der Organisation. Sind alle Lebensmittel vorhanden, kann zum Beispiel schnell mal ein Gericht aus frischen Zutaten für mehrere Tage im Voraus gekocht werden. Du kannst es dann portionsweise einfrieren und bei Bedarf wieder erwärmen.
Außerdem kommt es immer auf die Einstellung an: Wenn man sich schon mit einem negativen Gefühl zum Kochen zwingt, macht es auch wirklich keinen Spaß. Ich persönlich liebe es, verschiedene Gemüsesorten zu schneiden, ich nehme die Farben, die verschiedenen Gerüche und Geschmacksrichtungen bewusst war.
Mir ist klar, dass gerade berufstätige Frauen, die gleichzeitig noch Familie haben, doppelt belastet sind – Zeit spielt dann eine große Rolle, und ein gutes Zeitmanagement ist sehr wichtig (siehe auch ab Seite 52). Gerade in solchen Situationen ist

» Für mich ist das Kochen eine Art Meditation. Ich entspanne mich dabei und genieße diese Momente. «

es wichtig, zwei Fliegen mit einer Klappe zu schlagen. Versuch doch einfach das Zubereiten einer Mahlzeit als Event zu veranstalten, gemeinsam mit der gesamten Familie oder mit Freunden. Übrigens findest du aus eben den genannten Gründen in diesem Buch Rezepte, die schnell und einfach zuzubereiten sind (siehe ab Seite 99). Also: Es gibt jetzt wirklich keine Ausreden mehr!

Süßigkeiten sind erlaubt, aber in Maßen

Grundsätzlich sind Süßigkeiten nicht verboten. In Maßen haben sie noch niemanden dick gemacht. Und: Ein kompletter Verzicht ist zum Scheitern verurteilt, da keiner von uns sein ganzes Leben verzichten will und kann. Wichtig ist auch: Wenn du dich hauptsächlich gesund mit viel Obst und Gemüse ernährst, dann verwandelt sich eine kleine Sünde ab und an nicht direkt in Hüftgold. Es kommt immer auf das Verhältnis von gesunden und weniger gesunden Lebensmitteln an. Wenn du dich zu 95 Prozent top ernährst, fallen die fünf Prozent »sonstige« Ernährung nicht wirklich ins Gewicht.

Wichtig ist außerdem, dass du das, was du isst, bewusst genießt und nicht einfach so nebenher konsumierst. Oft wird nebenbei mal ein Schokoriegel, mal ein Bonbon oder ein Keks gegessen. Manchmal auch nur, weil sie zufällig gerade da rumstehen und man aus Gewohnheit einfach zugreift. Eigentlich braucht man das in diesem Moment gar nicht und könnte auch gut darauf verzichten. In diesen Situationen kannst du schon einiges einsparen. Bewahre dir deine Ration Süßigkeiten für Momente, in denen du die Zeit und Ruhe hast, bewusst zu genießen, vielleicht am Wochenende. Es gibt nichts Schlimmeres, als sich jegliche Süßigkeiten zu verbieten.

Süße Regeln für Naschkatzen

- Zuallererst: Es gibt kein Verbot, sich ab und zu etwas zu gönnen.
- Kaufe nie einen Vorrat an Süßigkeiten. Besorge dir ein Kästchen, deine »Süßigkeiten-Schatzkiste« und lege eine kleine Menge hinein, die für die gesamte Woche bestimmt ist. Du entscheidest, ob du es dir aufteilst und jeden Tag etwas isst. Oder ob du alles auf einmal isst.
- Möchtest du ab einer bestimmten Uhrzeit keine Süßigkeiten mehr essen, bekommst aber genau dann Appetit? Spüle dir den Mund mit Mundwasser oder putze dir die Zähne. Zwei Gründe, warum du danach nicht mehr so gern Süßes essen möchtest. Erstens: Der Geschmack von Mundwasser und Zahnpasta lindert den Heißhunger. Zweitens: Wer putzt sich schon freiwillig zweimal nacheinander die Zähne?!
- Kaufe Süßigkeiten in kleinen Portionen – niemals Riesenportionen wählen! Der Grund: Wenn du die Mega-Tüte einmal öffnest, ist das Risiko zu groß, dass du sie vollständig leerst.

Was und wie viel isst du?

Oft höre ich die Sätze: »Ich esse fast nichts, nehme aber trotzdem einfach nicht ab!« oder: »Ich brauch ein Stück Kuchen nur anzuschauen, schon hab ich ein Kilo drauf!«. Natürlich gibt es bessere und schlechtere Verwerter, der eine nimmt etwas schneller, der andere etwas langsamer zu. Trotzdem behaupte ich, dass viele dazu neigen, zu untertreiben und auch vieles verdrängen. Wie sieht es bei dir aus? Hast du das Gefühl, dass du nicht zu viel isst? Und hast du das Gefühl, dass du dich eigentlich schon ausgewogen ernährst? Viele meiner Kunden verschätzen sich in diesen Fragen. Oft haben sie das Gefühl, recht wenig zu essen. Deshalb erhalten alle meine Kunden zu Beginn des Coachings einen Wochenplan. In diesen sollen sie alles eintragen, was sie zu sich nehmen – wirklich alles, jeden auch noch so kleinen Zwischensnack, egal ob fest oder flüssig. Bei der Auswertung stellen wir dann oft fest, dass doch mehr gegessen wird, als zu Anfang angenommen wurde. Was häufig auffällt, ist, dass die meisten sehr viel »zwischendurch« essen und trinken. Rechne ich dann die Zwischenmahlzeiten zusammen, stelle ich fest, dass allein diese »Snacks« von der Kalorienzahl her schon den gesamten Tagesbedarf decken!

Aus diesen Gründen möchte ich, dass du ebenfalls einen solchen 2-Wochen-Plan benutzt (siehe Beispiel unten). Trage zwei Wochen lang alles ein, was du den ganzen Tag über isst und trinkst. Du wirst schon nach einer Woche feststellen können, was du so den ganzen Tag über isst – und wie viel du zwischendurch naschst. Versuche in der ersten Woche nichts zu ändern, iss so, wie du es gewohnt bist. Nach der ersten Woche analysierst du die gesamte Woche und versuchst in der zweiten Woche etwas zu verbessern. Wenn du zum Beispiel in der ersten Woche zu viele Zwischensnacks zu dir genommen hast, versuche dies in der zweiten Woche zu reduzieren. Versuche bewusst wahrzunehmen, wann du satt bist. Hör dann auf zu essen!

Wenn du bemerkt hast, dass du zu wenig trinkst, versuche in der zweiten Woche mehr zu trinken (zuckerfreie Getränke, siehe Seite 32). Hast du in den ersten sieben Tagen noch zu viele Softdrinks auf deinem Plan stehen, reduziere sie in der zweiten

Und so könntest du deinen 2-Wochen-Plan anlegen:

Tag/ Datum	morgens	mittags	abends	zwischen-durch	Sport/ Bewegung
1					
2					
3					
4					
5 …					

Silkes SOS-Tipps gegen Appetit

Höre in dich hinein: Sind Frust oder Langeweile in den meisten Fällen die Ursache dafür, dass du plötzlich dringend das Bedürfnis hast, etwas zu essen?

- Frust? Dann reagiere dich ab! Putze deine Wohnung (besonders nach dem Putzen deines Klos hast du bestimmt keinen Appetit mehr), renn eine Runde um den Häuserblock, steige 5 Minuten die Treppen im Haus hoch und runter, hacke Holz oder stampfe mit den Füßen auf der Stelle; höre auf, wenn du nicht mehr kannst. Diese Methoden haben zwei Vorteile: Du kannst zum einen deinen inneren Frust durch Bewegung beseitigen und verbrauchst dazu noch Kalorien.
- Langeweile? Dann beschäftige dich – aber nicht mit Essen! Verabrede dich mit Freunden oder lies ein gutes Buch. Gönne dir etwas: eine Massage, einen Friseurbesuch, eine kosmetische Behandlung oder einen entspannten Abend im Badezimmer. Schau dir alte Fotos an und sortiere sie neu. Räum deinen Kleiderschrank aus und trenne dich von allen Kleidungsstücken, die du länger als fünf Jahre nicht mehr getragen hast. Du wirst überrascht sein, was du da alles finden wirst.

Woche. Bemerkst du, dass du zu wenig Lebensmittel in natürlichen Farben isst, ändere das: Iss mehr Obst und Gemüse.

Unterscheide zwischen Hunger und Appetit

Habe ich jetzt Hunger oder doch nur Appetit? Esse ich gerade aus Langeweile oder bin ich einfach wegen irgendetwas frustriert? Mittlerweile haben wir fast verlernt, beim Essen wirklich auf unseren Körper zu hören und seine Bedürfnisse zu erkennen. Oft essen wir nicht aus Hunger, sondern lassen uns von anderen Dingen beeinflussen und verführen: vom köstlichen Duft oder vom appetitlichen Aussehen einer Speise. Vielleicht vom Durst – den wir irrtümlich für Hunger halten. Auch Gewohnheiten spielen eine große Rolle: Sei es, dass Essen immer wieder als Belohnung dient. Oder dass wir Sätze aus unserer Vergangenheit unbemerkt verinnerlicht haben, wie etwa: »Wenn du alles aufisst, wird das Wetter schön!« oder: »Es wird gegessen, was auf den Teller kommt«.

Die Lösung? Beobachte dich!

Belohnst du dich mit Essen? Isst du oft aus Langeweile, vielleicht auch weil du gestresst bist oder dich über irgendetwas ärgerst? Isst du deinen Teller leer, obwohl du gar keinen Hunger mehr hast? Aus Gewohnheit? Falsch verstandener Disziplin? Sparsamkeit? Führe ein Ess-Tagebuch und schreibe genau auf, warum und wann du isst. Erkenne so deine Essgewohnheiten und analysiere sie. Danach kannst du sie besser wahrnehmen – und ändern.

Das ist Appetit

Greifst du nach etwas zu essen, weil es gut riecht und lecker aussieht, dann hast du Appetit und keinen Hunger. Wie du das unterscheidest? Appetit lässt sich stark von positiven äußeren Einflüssen leiten – leckerem Aussehen oder verführerischem Duft – und ist meist zielgerichtet. Das bedeutet, dass du nach etwas ganz Bestimmtem verlangst, ohne dass dein Körper es wirklich benötigt. Es ist kein Problem, in Ausnahmefällen auch mal einfach aus Appetit zu einem bestimmten Leckerbissen zu greifen, es sollte aber nicht die Regel sein. Denn auf Dauer riskierst du mit diesem Verhalten eine Gewichtszunahme.

Und das ist Hunger

Wenn du körperlich gefordert bist, etwa durch Sport oder Arbeit, oder einfach auch wenn du eine Zeitlang nichts gegessen hast, dann entsteht Hunger. Der Körper verlangt nach Nahrung. Das ist ein natürlicher Vorgang, du spürst es richtig: Dein Magen

Silkes SOS-Tipps bei Hunger und Heißhunger

Das hilft bei Hunger

- Nimm täglich 3 Mahlzeiten ein.
- Obst und Gemüse sind der Hauptbestandteil deiner Nahrung.
- Entscheide dich bei Brot, Nudeln, Reis & Co. für die Vollkornversion (siehe Seite 130).
- Verwende kleinere Teller, so sehen deine Portionen größer aus, als sie sind.
- Erstelle zum Einkaufen eine Liste. Damit ist sicher, dass du wirklich nur das kaufst, was du brauchst.
- Gehe nie mit leerem Magen einkaufen.
- Trinke täglich mindestens 2 Liter Wasser oder ungesüßte Tees.

Das hilft bei Heißhungerattacken

- Wenn schon Schokolade, dann Zartbitterschokolade.
- Wenn schon Kekse, dann Vollkornkekse.
- Hunger auf Süßes? Probier es mal mit getrockneten Früchten. Meine Favoriten sind getrocknete Mango und Apfelchips.
- Ein schöner Filmabend – und du möchtest dabei etwas knabbern? Alternativen zu Chips & Co.: Gemüsesticks mit leckeren Dips (Tipps für leckere Dips findest du auf Seite 133).
- Beweg dich! Geh einfach eine Runde ums Haus und genieße die frische Luft.
- Trinke genüsslich eine Tasse Tee oder Gemüsebrühe.
- Du hast deiner Heißhungerattacke nachgegeben? Bestrafe dich bitte nicht dafür, indem du am nächsten Tag hungerst! Wichtig ist jetzt: Am nächsten Tag normal drei Mahlzeiten zu sich nehmen. Es muss aber an diesem Tag auf Süßigkeiten verzichtet werden.
- Benutze Mundwasser: Nach jeder Mundspülung vergeht dir die Lust aufs Essen.

knurrt oder zieht sich schmerzhaft zusammen. Jetzt braucht der Körper dringend Energienachschub, damit er weiter funktionieren kann.
Hunger kann sich auch durch nachlassende Leistungsfähigkeit, Kopfschmerzen, Konzentrationsschwäche, Schweißausbrüche, schlechte Laune oder Gereiztheit bemerkbar machen.
Achte bitte auch beim Essen auf Signale, die dir zeigen, dass du satt bist. Wir geben unserem Körper kaum die Gelegenheit, Hunger und Sättigung richtig zu spüren. Wir essen zu schnell, immer und überall und vor allem viel zu oft zwischendurch. Tipp: Iss nie über deinen Hunger und nimm dir genügend Zeit beim Essen. In der Regel bemerkst du erst nach 15 bis 20 Minuten nach dem ersten Bissen ein Sättigungsgefühl.

Der Dritte im Bund: Heißhunger

Gehörst du auch zu den Menschen, die immer wieder mal von Heißhungerattacken überfallen werden, ohne genau zu wissen, warum? Plötzlich ist die Lust auf mächtige Kalorienbomben stärker als alle guten Vorsätze. Das ist nichts Ungewöhnliches und oft ein Hinweis auf zu viel Stress, auf Unzufriedenheit, Langeweile oder Nervosität.
Typisch für Heißhungerattacken:

- Man isst zu viel.
- Man isst zwischendurch, ohne es tatsächlich zu genießen.
- Man isst weiter, obwohl man keinen Hunger mehr hat.
- Man verspürt danach meist ein unangenehmes Völlegefühl.
- Anschließend quält einen das schlechte Gewissen.

Heißhunger – was tun?

Ich habe selbst heute noch das Problem, dass mich nach bestimmten Ernährungssünden Heißhungerattacken überfallen, vor allem, nachdem ich Süßigkeiten oder Weißmehlprodukte gegessen habe. Das liegt daran, dass der Blutzuckerspiegel nach dem Verzehr von Produkten mit viel Zucker (einfachen Kohlenhydraten) ansteigt. Und er muss auch wieder gesenkt werden – dafür produziert die Bauchspeicheldrüse rasch das Hormon Insulin. Das Insulin bewirkt, dass die Zellen Zucker aufnehmen, der Blutzuckerspiegel sinkt. Leider sinkt er jedoch nach einem solch schnellen Anstieg auch sehr rasch – und auch gleich unter den Normalwert. Dadurch kommt es zur Unterzuckerung, und der Körper reagiert mit einer Heißhungerattacke.
Das Problematische an diesen Ablauf ist, dass das Insulin nicht nur das Einlagern des Zuckers in der Zelle bewirkt, sondern gleichzeitig den Abbau von Fett hemmt. Das heißt, man lagert nicht nur die dickmachenden Stoffe ein, sondern verhindert auch den Abbau der Dickmacher. Die Lösung: Weniger zuckerhaltige Nahrungsmittel essen, und die Ernährung auf komplexe Kohlenhydrate umstellen, die zum Beispiel in Vollkornprodukten enthalten sind. Komplexe Kohlenhydrate, die aus vielen Glukosebausteinen aufgebaut sind, werden nämlich nach dem Verzehr langsamer im Körper abgebaut und somit geht der Zucker auch allmählich ins Blut. Auf diese Weise erhöht sich der Blutzuckerspiegel nur langsam. Die Ausschüttung von Insulin erfolgt dabei kontrolliert. Die Folge: keine Unterzuckerung und auch keine Heißhungerattacken.

Stress abbauen – Gewicht verlieren

Viele von uns wissen, wie gefährlich Dauerstress für die Gesundheit ist. Aber dass Stress auch dick machen kann, wissen die wenigsten. Dabei hast du es bestimmt selbst schon erlebt: In Situationen, in denen du sehr unter Strom stehst, kommt dieses Verlangen nach etwas, was schnell Energie liefert. Dann werden schnell einige Riegel Schokolade oder ein paar Kekse verschlungen. Für kurze Zeit hilft das – aber leider wirklich nur kurz.

Neben solchen Heißhungerattacken auf Fettes und Süßes passiert noch mehr im Körper: Cholesterinwerte, Blutdruck und Blutzuckerspiegel steigen. Und es kommt zu mehr und mehr Übergewicht. Und jedes Mal, wenn du eine Stresssituation erlebst, die deinen Körper in außergewöhnlicher Weise fordert, schüttet dein Körper auch zwei Hormone aus, nämlich Adrenalin und Cortisol. In lebensbedrohlichen Situationen wirkt das lebensrettend. Aber leider eher so, dass wir in der Lage wären, vor einem angreifenden Tier zu flüchten oder es in einem Kampf zu besiegen. Im »modernen« Stress der Gegenwart löst die Ausschüttung dieser Hormone dagegen fatale Abläufe aus.

Adrenalin und Cortisol

Adrenalin blockiert die Denkzentrale und befähigt dich in gefährlichen Situationen blitzschnell, bevor du überhaupt verstehst, was passiert ist, zu reagieren. Beispielsweise, wenn du mit deiner Hand auf eine heiße Herdplatte fasst. In dieser Situation muss sofort reagiert werden, bevor man überhaupt versteht, was geschehen ist. Hier ist

blitzschnelles Handeln gefragt, und nicht gründliches Denken.
Cortisol ist ein Aktivitätshormon. Zusammen mit Adrenalin versorgt es den Körper zusätzlich mit Energie, die zur Verteidigung und zum Angriff genutzt werden soll.
Damit der Körper genügend Kraft in solchen Situationen mobilisieren kann, wird zusätzlicher Zucker in die Blutbahn ausgeschüttet. Dies führt dazu, dass der Blutzuckerspiegel steigt. Wir wären nun bereit zu Flucht oder – körperlichem – Kampf.
Leider werden diese Prozesse auch durch unseren heutigen Alltagsstress ausgelöst. Und helfen uns überhaupt nicht, unsere Stresssituation am Arbeitsplatz oder zu Hause zu lösen!

Dauerstress

So erkennst du, ob es zu viel Stress in deinem Leben gibt:

- Du fühlst dich ständig matt, unausgeglichen, kraftlos und müde.
- Du leidest unter Schlafstörungen und Nervosität.
- Es fällt dir schwer, dich zu konzentrieren, und du vergisst sehr häufig etwas.
- Du hast regelmäßig das Verlangen nach Alkohol, viel Kaffee und eventuell Tabletten.

Dauerstress als Dickmacher

Unter Dauerstress wird permanent Adrenalin und Cortisol ausgeschüttet. Mit der Zeit hat dies einen anhaltend hohen Blutzuckerspiegel zur Folge. Damit der Blutzuckerspiegel im Körper wieder fällt, produziert unsere Bauchspeicheldrüse das Hormon Insulin. Und Insulin spielt eine wichtige Rolle im Prozess des Ab- und Zunehmens. Es steuert Fettverarbeitung und -speicherung und hat Einfluss darauf, ob zugenommen oder abgenommen wird.
Steigt nach dem Essen der Blutzuckerspiegel an, so wird vermehrt Insulin gebildet. Das führt dazu, dass der Blutzucker schneller in die Zellen aufgenommen wird. Diesen Zyklus kennst du schon aus der Wirkungsweise von Kohlenhydraten. Stress hat also eine ähnliche Wirkung wie eine kohlenhydratreiche Ernährung (siehe ab Seite 96).

Mit Entspannungsmethoden gegen den Stress

Alles was dich dauerhaft stresst, macht dich dick. Deshalb ist es gerade jetzt wichtig, eine Methode zu finden, die dir hilft, den Alltagsstress zu bewältigen. Grundsätzlich gibt es keine Patentrezepte, um Stress abzubauen. Es gibt keine Entspannungsmethode, die allen Menschen gleichermaßen hilft. Wie jemand Stress abbaut oder bewältigt, ist sehr unterschiedlich. Es gilt, die passende Entspannungsmethode für sich zu finden (siehe auch Kasten Seite 46).
Das können auch ganz ungewöhnliche Methoden sein – Hauptsache, sie helfen dir! Wenn ich vor lauter Stress innerlich ganz unruhig werde und das Gefühl habe, dass ich meine aufgebaute Energie schnell loswerden muss, reagiere ich mich mit folgenden Methoden ab: Ich schreie mal laut (natürlich nur, wenn gerade niemand in meiner Nähe ist), ich schlage mit der Hand

» *Gut entspannt ist schon halb abgenommen.* «

auf den Tisch oder ich bewege mich (Treppensteigen, auf der Stelle stampfen, einmal zügig um den Häuserblock gehen). Danach fühle ich mich angenehm erschöpft und total entspannt.
Außerdem gibt es natürlich gezielte Entspannungsmethoden, die sich sehr gut zum Stressabbau eignen. Sie haben den Vorteil, dass sie nicht nur kurzfristig helfen, sondern vor allem auch auf lange Sicht. Zum einen wirken diese Methoden nämlich im Moment der Ausführung: Man kann abschalten und sich entspannen. Zum anderen verändert sich die gesamte Wahrnehmung, sobald man regelmäßig Entspannungsmethoden praktiziert: Man beginnt, schon im Vorfeld so zu agieren, dass viel seltener wirklicher Stress entstehen kann. Viele Methoden sind mit etwas Übung einfach zu erlernen und können gut in den

Silkes Tipps

Finde deinen eigenen Weg!

Es gibt viele Möglichkeiten, Stress abzubauen. Ich persönlich kann beim Laufen durch den Wald sehr gut zur Ruhe kommen. Wichtig dabei ist, dass Bewegung im Spiel ist. So wird nämlich gleich noch das durch den Stress ausgeschüttete Adrenalin neutralisiert und dadurch wird der Blutzuckerspiegel wieder gesenkt. Andere Menschen entspannen sich optimal, wenn sie ihre Lieblingsmusik hören, sich mit Freunden treffen, wandern oder kochen. Probiere ruhig einige Methoden aus und finde die beste und geeignetste für dich. Gib auch nicht direkt auf, wenn die erste oder zweite Methode nicht die richtige für dich ist! Berücksichtige deine Vorlieben. Überlege kurz: Womit kannst du am besten Stress abbauen? Bist du eher ein Typ, der nach einem guten Training, also nach dem körperlichen Auspowern, so richtig entspannt? Oder gehörst du zu den Menschen, die in völliger Ruhe mit Konzentration auf den eigenen Körper und die Atmung entspannen? Oder liegen dir vielleicht eher Entspannungsformen wie kleine Gedankenreisen durch den Körper oder das Visualisieren von gewissen Momenten (ein Spaziergang durch den Wald, eine wunderbar duftende Blumenwiese …)?
Wenn du eher zu den Menschen gehörst, die sich körperlich beanspruchen müssen, um zur Ruhe zu kommen, versuch es zum Beispiel mit Yoga, Pilates, Progressiver Muskelentspannung oder Qigong. Wenn du jedoch besser durch bewusste Ruhe entspannen kannst, versuche es mit Autogenem Training, Atementspannung oder Kurzschlaf (siehe Seite 49). Wichtig ist, dass du wirklich dabei Stress abbauen kannst. Lass dich in keine Richtung zwingen, lass dir nichts einreden. Mach das, was gut für dich ist – und das weißt du selbst am besten.

Alltag integriert werden. Das Angebot der Entspannungsmethoden ist groß: Autogenes Training, Atementspannung, Kurzschlaf, Progressives Muskelentspannung (siehe Beschreibung Seite 48), Qigong, Yoga oder auch Zen oder andere Meditationsformen – das Angebot ist wirklich riesig! Gerade das erschwert oft die Entscheidung und macht eher hilflos, was wieder dazu führt, dass viele erst gar nicht anfangen, etwas davon auszuprobieren. Auf der nächsten Seite findest du eine sehr einfache und effektive Methode kurz beschrieben, so dass du sofort loslegen kannst. Weitere Ideen, wie du die richtige Entspannungsmethode für dich finden kannst, gibt es im Kasten auf Seite 49.

Progressive Muskelentspannung

Diese Entspannungsmethode wurde vor etwa 70 Jahren vom Arzt und Physiologen Edmund Jacobson entwickelt. Die Progressive Muskelrelaxation nach Jacobson (PMR) – so die korrekte Bezeichnung – beruht auf einer Technik der bewussten An- und Entspannung bestimmter Muskelgruppen. Sie eignet sich besonders gut für Sportler. Bei der Muskelrelaxation stellt sich schnell körperliches Wohlbefinden ein. Ein weiterer Vorteil: Diese Methode kann fast in jeder Situation angewendet werden. Abends vor dem Einschlafen, aber in der »Kurzfassung« auch gut mal während eines Meetings, in einer Prüfungssituation, im Büro, im Flugzeug oder auch in einer kleinen Pause während einer langen Autofahrt. Eine Übungseinheit dauert in der Kurzfassung drei bis vier Minuten, in der längeren Fassung etwa 20 bis 30 Minuten. Die Entspannung kann im Liegen oder im Sitzen,

Stress schadet deiner Gesundheit und auch deiner Figur. Sich bewusst Pausen zu gönnen, ist deshalb besonders wichtig.

mit offenen oder geschlossenen Augen durchgeführt werden. Es ist nicht nötig, die Atmung zu kontrollieren, da diese mit der einsetzenden Entspannung automatisch ruhiger und tiefer wird.

So wird's gemacht

Nacheinander werden die Muskeln einer bestimmten Körperpartie sehr bewusst angespannt – und danach länger wieder ebenso bewusst entspannt. Das Anspannen soll dabei jeweils nur 5 bis 7 Sekunden dauern, nicht länger, da sonst die Muskeln verkrampfen. Nach dem Lockern der Muskel-

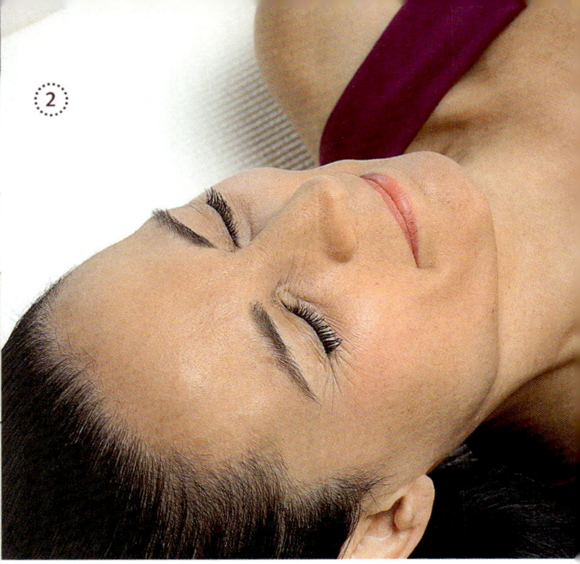

gruppe nimmst du dir aber immer 20 bis 30 Sekunden, mindestens jedoch 10 Sekunden Zeit, um die entsprechende Muskelgruppe zu entspannen.

Nacheinander werden folgende Muskelpartien an- und wieder entspannt:

1. Zuerst die rechte Hand 5 bis 7 Sekunden lang fest anspannen – dann 20 bis 30 Sekunden entspannen. Jetzt den rechten Unterarm, dann den Oberarm. Danach ebenso die linke Hand, den Unterarm und den Oberarm an- und wieder entspannen.
2. Dann spannst du die Stirn, die Augenpartie, Nase, Mundpartie und Unterkiefer an, danach Nacken- und Schulterbereich. Jetzt ist der Rücken an der Reihe, dann der Bauch. Anschließend der rechte Fuß, der rechte Unterschenkel und dann der rechte Oberschenkel. Dann spannst du die Muskeln des linken Fußes an, danach Unter- und Oberschenkel.

Wichtig ist, dass man immer genau auf die Empfindungen achtet, die mit An- und Entspannung verbunden sind. Hast du alle Muskelgruppen angespannt und wieder entspannt, kannst du den folgenden Entspannungszustand einige Minuten genießen. Um die Übung abzuschließen, reckst und streckst du dich ausgiebig.

Progressive Muskelentspannung auf die Schnelle

Die Kurzfassung funktioniert auch während eines Meetings oder in einer kurzen Pause: Du sitzt aufrecht auf einem Stuhl. Strecke das rechte Bein waagerecht nach vorn, zieh die Fußspitze in Richtung Körper und spanne alle Muskeln des Beines an. Diese Spannung 5 bis 7 Sekunden halten und danach etwa 20 Sekunden entspannen. Wiederhole dies, und dann führst du dasselbe zweimal mit dem linken Bein aus. Dann den rechten Arm waagerecht nach vorn strecken, die Hand zur Faust ballen, Schulter nach vorn drücken und den ganzen Arm anspannen. Die Spannung 5 bis 7 Sekunden halten, danach 15 Sekunden entspannen. Wiederholen und danach zweimal mit dem linken Arm üben.

Zum Schluss den ganzen Körper anspannen. Beine und Arme sind ausgestreckt, Schultern werden zu den Ohren gezogen. Das gesamte Gesicht ist angespannt, sowie die Muskeln an Bauch und Po. Die Spannung 5 bis 7 Sekunden halten, danach entspannen und wiederholen.

Noch mehr Wege zur Entspannung ...

▸ Atementspannung

Bei dieser Entspannungstechnik erreicht man durch bewusstes, tiefes und langsames Ein- und Ausatmen körperliche Entspannung. Diese Übungen können immer und überall angewendet werden.

Das Ausatmen ist bei dieser Entspannungsmethode entscheidend. Es soll passiv, also völlig ohne Anstrengung geschehen. Die Entspannung kann im Stehen, im Liegen oder im Sitzen durchgeführt werden. Beginne mit einer sehr tiefen Ausatmung, danach atme übergangslos aktiv wieder ein und gehe zum tiefen Ausatmen über. Danach lege eine Pause ein. Setz dich nicht unter Druck, versuche nicht zu tief ein- oder auszuatmen. Es reichen 1 bis 3 Minuten.

▸ Kurzschlaf (Power-Nap)

Bei dieser Entspannungsmethode nickt man kurz ein und entspannt dabei vollständig. Wichtig: Unser Schlaf teilt sich in verschiedene Phasen: die Tiefschlafphase und die Traumphase. Schläft man zu lange, setzt die Tiefschlafphase ein. Danach wird es schwierig, schnell wieder ganz wach zu werden. Der Power-Nap dauert deshalb maximal 20 bis 30 Minuten. Danach fühlst du dich ausgeruht. Sitze bequem auf einem Stuhl oder lege dich hin und lege den Kopf ab. Die Beine kannst du hochlagern. Schließe die Augen und entspanne dich. Vorher nimmst du dir vor, dass du 30 Minuten lang schlafen wirst. Jetzt kannst du ruhig einschlafen. Deine innere Uhr wird dich exakt nach der gewünschten Zeit wecken. Für den Anfang einige Hilfsmittel: Nimm einen Schlüsselbund in die Hand. Sobald du in die Tiefschlafphase kommst, entspannt sich dein Körper, deine Hand öffnet sich und der zu Boden fallende Schlüsselbund weckt dich. Oder du stellst dir einen Wecker, damit du zuverlässig nach 30 Minuten geweckt wirst.

Nach dem Kurzschlaf streckst du dich und atmest tief durch. Steh dann auf und bewege dich ein wenig bei geöffnetem Fenster.

▸ Eine Minute lächeln

Lachen ist nicht nur gut für unsere Psyche, sondern auch für unseren Körper. Es lockert die Muskeln, löst angestaute Emotionen, setzt Glückshormone frei und baut Stresshormone ab. Lachen macht glücklich und entspannt. Unsere Stimmung steigt sogar schon, wenn einfach nur ein Lächeln auf dem Gesicht liegt! Daher: Wann immer es möglich ist, lache – und lächle immer wieder einmal bewusst eine Minute lang. Anfangs mag dir das eigenartig vorkommen, aber bald wirst du feststellen, dass es tatsächlich hilft!

▸ Recken und Strecken

Räkle dich so wie vor dem Einschlafen oder beim Wachwerden. Dabei spannst du zahlreiche Muskeln an: Strecke die Arme weit in die Höhe, spreize die Hände, krümme die Zehen. Danach lässt du wieder locker. Ähnlich wie bei der Progressiven Muskelentspannung wirkt hier das Prinzip der An- und Entspannung. Wenn du zusätzlich noch gähnst, erhöht das die Sauerstoffzufuhr – das macht auch den Kopf fit! Gähnen kann man ganz einfach bewusst auslösen: Einfach den Mund weit öffnen, als wenn du eine große Kugel in den Mund nehmen möchtest.

Stufe 2:

Du wirst fitter

Jetzt wirst du immer fitter: Dazu habe ich dir ein 15-Minuten-Fitness-Programm erstellt. Außerdem erfährst du, was du zu Kraft- und Ausdauertraining noch wissen musst. Und es gibt weitere Tipps zur Ernährung sowie einen Test.

Die Zeit sinnvoll nutzen

Es geht anspruchsvoll weiter auf dem Weg zu deinem Ziel. Du musst aktiv den Sport in deinen Tagesablauf einbinden.
Wer kennt diese Situation nicht: Du hast den festen Willen, etwas in deinem Leben zu ändern. Du möchtest mehr für dich, deine Fitness und deine Gesundheit tun. Doch leider kommt immer etwas dazwischen. Es herrscht ständig Zeitmangel. Wenn du dir für dich keine Zeit nimmst, müssen wir daran arbeiten, dass du genau dies ab heute tust. Ohne dich auf einen Egotrip schicken zu wollen: Deine Gesundheit und deine Lebensqualität stehen ab sofort an erster Stelle! Wenn es dir gut geht, profitieren auch deine Familie, dein Partner, deine Freunde und deine Arbeitskollegen davon. Natürlich ist Erfolg, finanzielle Absicherung, die Anerkennung anderer

Was zählt wirklich?

Bevor wir gemeinsam daran arbeiten, dass du in deinem Alltag mehr Zeit für Bewegung findest, möchte ich dir eine Frage stellen.
Wie wichtig bist du dir selbst?
Wie ehrlich du dir diese Frage stellst und wie ernst du dich nimmst, zeigt sich unter anderem darin, wie du die folgenden beiden beantwortest: Wie wichtig ist dir deine Gesundheit? Bist du dir selbst wichtig genug, dass du dir Zeit nimmst für regelmäßige Arztbesuche, regelmäßige sportliche Betätigung, gesunde Ernährung, Erholung und Entspannung?

oder sogar Ruhm angenehm. Doch man muss im Blick behalten, was man dafür bezahlt. Alles das ist wertlos, wenn deine Gesundheit darunter leidet. Viele Menschen erkennen das zu spät – das kann kritische Folgen haben.

Der erste Schritt: gründlicher Kalendercheck

Wie also findest du nun Zeit für dein eigenes Wohlbefinden? Wo lassen sich ein paar Trainingseinheiten unterbringen? Zuerst musst du feststellen, wie viel Zeit du für deine Trainingseinheiten benötigst. Für den Anfang sind tägliche Trainingseinheiten von zehn bis 15 Minuten vorgesehen. Außerdem stehen jede Woche zwei Ausdauereinheiten auf dem Plan.
Um zu erkennen, wann du Zeit hast, erstellst du nun einen Zeitplan, der zeigt, welche Zeiten in der Woche schon fest verplant sind. Falls du keine konkreten Vorstellungen darüber hast, wofür du deine Zeit verwendest, führe bitte ein Zeitprotokoll.

*» Der **Mensch** ist ein Gewohnheitstier. Er **gewöhnt** sich an wenig Bewegung. **Genauso** kann er sich aber auch an **Bewegung** und Sport gewöhnen. «*

Notiere darin eine Woche lang genau, wie viel Zeit du an welchen Tagen für welche Aktivitäten verwendest. Die zehn Minuten für das Fitnesstraining kannst du sicher immer irgendwo dazwischenschieben. Stattdessen kannst du auch einen ganz normalen Kalender benutzen, in den du einfach jeden Tag gewissenhaft einträgst, wie viel Zeit du konkret mit welchen Tätigkeiten verbracht hast.

Und so könntest du dein Zeitprotokoll führen:

Tag	6 bis 10 Uhr	10 bis 14 Uhr	14 bis 18 Uhr	18 bis 20 Uhr	20 bis 24 Uhr
Mo					
Di					
Mi					
Do					
Fr					
Sa					
So					

Den häufigsten Ausreden widerstehen

Ich bin mir sicher: Einige der folgenden Ausreden sind dir sehr vertraut. Ich habe mal die aufgelistet, die ich selbst am besten kenne – und dazu jeweils einen passenden Fitness-Joker, mit dem du sie aushebeln kannst.

1

Ausrede Ich habe zu wenig Zeit – die brauche ich einfach komplett für Arbeit, Haushalt, Kinder ...

Fitness-Joker Hand aufs Herz: Du hast genügend Zeit für Dinge, die weniger wichtig sind als deine Gesundheit! Erkenne den Wert deiner Gesundheit – für dich und deine Familie. Lege Zeiten für deine Bewegungstermine fest. Halte diese ein, genauso wie du auch andere Termine einhältst. Täglich zehn Minuten Fitness kann wirklich jeder in seinen Tagesablauf integrieren. Wenn du ehrlich bist, ist dies immer möglich. Und das würde vorerst ja schon reichen!

2

Ausrede Ich habe kein Geld für teures Equipment (Hanteln, Stepper, Rudermaschine, Laufschuhe, Nordic-Walking-Stöcke ...) oder die Monatsgebühr im Fitnessstudio.

Fitness-Joker Stelle fest, wie viel Geld du für andere Dinge ausgibst. Warum sparst du an der falschen Stelle? Selbst, wenn wenig Geld vorhanden ist, hindert das nicht daran, sich zu bewegen. Sport oder Bewegung ist nicht immer mit Kosten verbunden. Du musst auch nicht unbedingt Mitglied in einem Fitnessstudio sein. Die Lösung ist einfach und unspektakulär: Bewege dich mehr im Alltag. Und selbst eine richtige Trainingseinheit ist ohne teures Equipment möglich (siehe das Workout ab Seite 59).

3

Ausrede Es gibt einfach keine Sportart, die zu mir passt.

Fitness-Joker Welche Sportarten hast du denn bisher ausprobiert? Du kannst nicht alle getestet haben. Also kannst du nicht behaupten, dass keine Sportart zu dir passt. Gib dir die Chance und probier einiges aus. Ich glaube fest daran, dass du etwas findest (siehe auch hintere Klappe des Buches)!

4

Ausrede Mit meinem Übergewicht weiß ich einfach nicht, wie ich mit Sport anfangen soll.

Fitness-Joker Natürlich ist es mit starkem Übergewicht schwierig, einfach irgendeinen Sport zu beginnen. Du musst hier deine körperlichen Voraussetzungen berücksichtigen. Es verlangt ja aber auch keiner, dass du von heute auf morgen mit einem Extremsport beginnst. Fang langsam an. Gib deinem Körper die Zeit, sich an Bewegung zu gewöhnen. Beginne erst mit mehr Bewegung im Alltag (siehe ab Seite 16). Steigere dich nach und nach. Auch auf der beiliegenden DVD begleite ich dich Schritt für Schritt in ein bewegtes Leben.

5

Ausrede Ich beginne ja bald mit dem Sport – morgen, im nächsten Monat, im nächsten Jahr, wenn ich dies oder jenes hinter mir habe ...

Fitness-Joker Mein Tipp: »Beginne sofort!« Gib dir keine Chance mehr, das Wichtigste – deine Gesundheit – zu vernachlässigen.

6

Ausrede Ich schäme mich. Im Studio, draußen auf der Joggingstrecke oder beim Schwimmen gucken mich immer alle so komisch an.

Fitness-Joker Wir sind immer wieder mal Blicken ausgesetzt. Und nicht nur Übergewichtige werden ab und an mal eigenartig angeschaut. Alles, was ein wenig »anders« als die Mehrheit ist, zieht das Interesse auf sich. Also versuche solche Blicke einfach zu ignorieren. Ganz nach dem Motto: »Was interessiert mich die Meinung anderer Leute?!« Fällt dir das schwer, dann beginne mit den Übungen in diesem Buch – zu Hause. Oder suche dir ein Fitnessstudio oder Kurse, die speziell für Übergewichtige konzipiert sind. Hier schaut keiner, da haben alle das gleiche Problem.

Die Magie des richtigen Moments

Es geht natürlich zuerst einmal darum, überhaupt Zeit zu finden. Aber wenn du außerdem noch einen Zeitpunkt für dein Training findest, der perfekt zu dir passt, hilft dir das sehr, dauerhaft dranzubleiben. Such dir am besten einen festen Zeitpunkt jeden Tag, an dem du die meiste Ruhe für dich und deine Übungen hast.
Ich selbst absolviere meine Fitnessübungen morgens direkt nach dem Aufstehen. Weil ich dafür einfach 10 bis 15 Minuten früher als bisher aufstehe, sind Störungen nahezu ausgeschlossen. Meine Erfahrung ist, dass es abends viel mehr Anlässe gibt, das Training ausfallen zu lassen. Mal kommt unerwarteter Besuch, mal will man essen gehen – oder man ist nach dem Abendessen einfach schon müde. Aber vielleicht sieht es bei dir anders aus und dir passt der Abend besser für das Training? Probier es aus! Jeder muss für sich den passenden Zeitpunkt finden.

Wo sind die Zeitfenster?

Um Zeit für dein Training zu finden, gilt es zu erkennen, wo du im Alltag mehr Zeit einsetzt, als tatsächlich notwendig ist. Dabei hilft dir der erstellte Zeitplan. Frage dich bei jedem Zeitblock in deinem Zeitprotokoll, wie wichtig dir die betreffende Aktivität wirklich ist und ob du sie zu Gunsten einer Trainingseinheit kürzen oder sogar ganz streichen kannst. Außerdem soll unnötiger Zeitaufwand vermieden werden. Also frage dich, welche Dinge du effektiver erledigen kannst. Selbst belanglos erscheinende Aktivitäten, etwa zu lange Telefongespräche oder zu umfangreiches Recherchieren im Internet, müssen unter die Lupe genommen werden. Mit ein bisschen Disziplin kannst du hier die erforderlichen Minuten gewinnen.
Der größte Zeitfresser ist häufig der übertriebene Perfektionismus im Beruf, im Haushalt oder auch beim Umsorgen der anderen Familienmitglieder.
Alles ist immer superwichtig: Haushalt,

Filmreif fit werden

Nutze alle möglichen Vorteile, die dafür sorgen könnten, dass du wirklich trainierst. Ein Beispiel: In Zeiten, als »gar nichts ging«, trainierte ich auf meinem Crosstrainer. Dabei sah ich mir Filme an, die mich motivierten, mich zu bewegen. Meine Lieblingsfilme waren Tanzfilme wie »Flashdance«. Oder Filme, in denen Sportler hart für ihren Erfolg trainierten, wie zum Beispiel alle alten »Rocky«-Filme.

» *Zeitmanagement funktioniert! Nach dem Motto: Alle ziehen an einem Strang und jeder gibt sein Bestes. Nicht mehr und nicht weniger.* «

Beruf, Kinder, Partner, Familie und sonstige Verpflichtungen. Alles muss perfekt sein, alles muss 100-prozentig funktionieren. Was sagen oder denken sonst die anderen Leute?! Wir sind so abhängig von den Meinungen fremder Menschen.
Ich kenne das selbst sehr gut, gerade als berufstätige Mutter und Ehefrau. Beruflich soll alles super klappen, als Mutter will man alles richtig machen – und als Ehefrau will man ja auch nicht versagen. Jeder einzelne Part ist mit solch hoch gelegter Messlatte schon schwer zu erreichen. Völlig unmöglich ist es aber, alles auf einmal und mit der Bestnote 1 zu schaffen.

Dein Terminkalender zeigt dir auch, an welcher Stelle du selbst in deinem Leben stehst …

Wie kannst du etwas ändern?

Mach dir nochmals bewusst, was für dich das Wichtigste ist. Stelle dich und dein Wohlbefinden in den Mittelpunkt. Mach dich frei von übertriebenen eigenen Ansprüchen und von den Vorstellungen anderer.
Führe dir vor Augen, dass man unendlich an einer Aufgabe arbeiten kann, doch ob das Ergebnis dadurch besser wird, ist mehr als fraglich. Also behalte die Zweckmäßigkeit deiner Arbeit immer im Auge.
Schaff dir Freiräume, indem du andere an den anliegenden Arbeiten beteiligst. Als ich mich als Personal Trainerin selbstständig machte, musste ich sehr viel Zeit investieren. Ich bemerkte, dass ich alles nicht allein schaffen konnte und wollte. Ich veränderte mich, organisierte mein Privatleben neu. Heute hat jeder in der Familie seine Aufgaben. Inzwischen sind wir ein gut eingespieltes Team. Natürlich war das anfangs schwierig. Ich hatte vorher vor allem meiner Tochter vieles abgenommen. Ich habe immer »schnell« alles selbst erledigt, es konnte mir ohnehin keiner recht machen. Die Folge war, dass ich meine Familie dazu erzog, sich für nichts im Haushalt verantwortlich zu fühlen.
Ich zog die Notbremse: Meine Tochter wurde nicht mehr zur Schule, zum Klavierunterricht und zu Freunden gefahren. Alle diese Wege kann sie bequem mit dem Fahrrad oder mit öffentlichen Verkehrsmitteln zurücklegen. Arzt- und sonstige Termine organisiert jeder für sich selbst und achtet auch selbst darauf, dass sie eingehalten werden. Tätigkeiten im Haus, im Garten, am Auto … wurden je nach verfügbarer Zeit auf alle Familienmitglieder verteilt.
Und jetzt: Sieh bitte wieder in deinen Kalender. Belege die freigeschaufelten Termine mit Trainingszeiten. Prima, nun kann es losgehen!

Dein Start in das Fitness-Programm

Hurra, es ist so weit! Du hast es geschafft. Ich bin stolz auf dich. Es geht jetzt an die ersten Fitness-Sequenzen, die dich etwas mehr fordern werden. Nachdem du in der ersten Stufe des Programms gezielt mehr Bewegung in deinen Alltag gebracht hast, beginnen wir jetzt mit dem richtigen Fitness-Programm.

Bewegungskicks zwischendurch

Je mehr die Bewegung zu deinem Alltag gehört, umso einfacher wird es! Ich schiebe immer schnell ein paar Dehn- oder Kraftübungen ein, wenn ich irgendwo länger stehe, zum Beispiel beim Warten auf den Zug oder den Bus. Entweder dehne ich die Vorderseite meiner Oberschenkel, indem ich meinen rechten oder linken Fuß zum Po ziehe, oder ich hebe im Stehen meine Fersen an, so dass ich auf den Fußballen und den Zehen stehe. Dann führe ich die Fersen mehrmals langsam rauf und runter. Dabei halte ich die ganze Zeit die Spannung, indem ich den Bauchnabel zur Wirbelsäule ziehe, die Schulterblätter Richtung Hosentasche und den Po leicht anspanne. Nach einiger Zeit spüre ich richtig meine Beine und meinen Po. Für zwischendurch sind solche Mini-Einheiten eine super Sache!

» *Eine neue Gewohnheit festigt sich erst nach einer gewissen Zeit. Gib dir die Chance und gib deinem Körper genügend Zeit, sich daran zu gewöhnen.* «

15 Minuten für die Fitness

Das folgende 15-Minuten-Fitness-Programm findest du auch auf der beiliegenden DVD. Es besteht aus:

- Neun Minuten Kraftübungen für Schultern, Beine, Arme (siehe ab Seite 60).
- Sechs Minuten Kraftübungen für Rücken und Bauch (siehe ab Seite 64).
- Zusätzlich gibt es zehn Minuten für die Dehnung (siehe ab Seite 69).

Da es sich um Übungen zur Kräftigung der Muskulatur handelt, solltest du das Programm immer so planen, dass zwischen den Trainingseinheiten jeweils ein Tag Pause liegt. Deine Muskeln brauchen Zeit, um sich wieder zu regenerieren.

Nach drei bis vier Wochen wirst du feststellen, dass du das Programm fast auswendig kennst und du dir mehr zutrauen kannst. Dafür biete ich dir im Kraft-Programm (ab Seite 74) zusätzliche Übungen zum Kraftaufbau. Such dir ganz gezielt die Übungen aus, mit denen du genau die Körperpartien trainierst, die dir besonders wichtig sind. Steigere so dein Übungsprogramm alle zwei Wochen um fünf Minuten, bis du dein individuelles 30-Minuten-Programm hast. Nach acht bis neun Wochen hast du dann schon ein gutes Körpergefühl entwickelt. Nun gilt es, die letzte Komponente zur Fitness anzugehen. Neben Kraft und Beweglichkeit – die du mit den Dehnübungen erreichst – trainierst du dann auch die Ausdauer. Auf der hinteren Umschlagklappe findest du einen Überblick zu verschiedenen Ausdauersportarten. Suche dir aus diesen das für dich passende Training aus. Wie intensiv und wie oft du trainieren solltest, kannst du auch in diesem Buch lesen – die Empfehlungen dazu findest du jeweils bei den entsprechenden Sportarten.

Silkes Tipp

Optimal trainieren

- Wärme dich unbedingt vor jeder Trainingseinheit kurz auf. Dazu kannst du zum Beispiel ein, zwei Minuten auf der Stelle gehen – die Arme und Beine dabei kraftvoll bewegen! Oder du gehst einfach einige Male die Treppen hoch und runter.
- Ebenso wichtig: Das Training immer mit Dehnübungen für die beanspruchten Muskelpartien abschließen.
- Achtung: Trainiere nie mit Schmerzen! Wenn du beim Sport Schmerzen spürst, suche einen Arzt auf.

Übungen für schöne Schultern, Arme und Beine

Dieses Fitnessprogramm fordert einen minimalen Zeitaufwand und wenig Hilfsmittel. Es ist überall und zu jeder Zeit durchführbar. Die meisten Übungen trainieren gleichzeitig mehrere Muskeln. So kannst du wieder Zeit sparen und trotzdem möglichst viele Körperbereiche trainieren. Kein Platz, fehlende Ausrüstung und keine Zeit – all das sind Ausreden, die jetzt nicht mehr gelten! Los geht's!
Die ersten Übungen in diesem Programm formen und trainieren vor allem deine Schultern, die Arme und Beine. Mit angenehmen Nebeneffekten, etwa dem, dass du in Zukunft unbesorgt winken wirst – ohne dass an deinen Oberarmen etwas mitwinkt (siehe Übung Seite 63).

Tipps für das Hanteltraining

Bei einigen der Übungen trainierst du mit Hanteln. Für das Programm in diesem Buch eignen sich Hanteln von 0,5 bis 1 Kilogramm. Wenn du schon eine Zeitlang trainierst, kannst du mit 1,5-Kilogramm-Hanteln arbeiten. Praktisch sind solche Hanteln, bei denen du mit aufsteckbaren Scheiben das Gewicht verändern kannst. Wenn du keine Hanteln hast, kannst du diese durch Plastikflaschen ersetzen, die du mit 0,5 bis 1,5 Liter Wasser füllst.
Beim Krafttraining für die Arme ist das Senken der Hanteln ebenso wichtig wie das Heben. Beides sollte langsam erfolgen. Lass die Arme nicht zu schnell herunterfallen. Auch die Arbeit gegen die Schwerkraft trainiert deine Muskeln.
▸ Das Ziel der folgenden Übungen: Die Kräftigung der Beine, Schultern und Arme.

So funktioniert der Plie Squat

Immer eine gute Wahl, um Oberschenkel, Waden, Po und den unteren Rücken zu trainieren: Squats in sämtlichen Variationen. Und Squats sind nichts anderes als unsere guten alten Kniebeugen! Wichtig ist, dass du dabei nicht zu tief in die Hocke gehst: Wenn die Oberschenkel parallel zum Boden sind, ist das genau richtig!
Im Buch findest du häufiger den Begriff »Plie Squats«. Dies sind sogenannte breite Kniebeugen, die Füße sind dabei mehr als schulterbreit voneinander entfernt, Knie und Fußspitzen zeigen nach außen.

1 Kniebeuge

▸ Du stellst dich aufrecht direkt vor einen Stuhl, deine Beine sind hüftbreit geöffnet. Mit beiden Händen umfasst du jeweils eine Hantel (Gewicht 0,5 bis 1,5 kg). Die Hantel hältst du mit gebeugten Armen vor der Brust, so dass die Handinnenflächen nach oben zeigen.

▸ Du gehst in die Kniebeuge, als ob du dich auf den Stuhl setzen möchtest. Gleichzeitig streckst du die Hantel mit beiden Händen nach oben, wobei du oben angekommen die Handflächen so drehst, dass die Daumen zueinander zeigen. Die Oberarme berühren fast die Ohren.

▸ Du berührst nur kurz mit deinem Po den Stuhl und drückst dich wieder nach oben.

▸ Wiederhole diese Übung 20-mal.

Übungstipp Stell dir vor, dass ein Faden an deinem Steißbein befestigt ist. An diesem Faden hängt ein Gewicht. Während der ganzen Übung zieht das Gewicht gerade nach unten.

2 Plie Squats mit Bizeps Curls

▸ Du stehst aufrecht. Gehe jetzt in eine breite Grätsche, die Knie sind gebeugt, optimal ist es, wenn deine Oberschenkel parallel zum Boden sind. Die Fersen zeigen nach innen, deine Fußspitzen nach außen.

▸ Nimm in jede Hand eine Hantel (mit jeweils 0,5 bis 1,5 kg). Ziehe den Bauchnabel zur Wirbelsäule und stabilisiere so den unteren Rücken. Verlagere das Gewicht auf deine Fersen, beuge die Knie und gehe in eine halbe Hocke. Schiebe dabei dein Becken etwas nach vorn, indem du deinen Po anspannst. Deine Handinnenflächen zeigen nach vorn.

▸ Führe nun die Unterarme nach oben bis auf Brusthöhe.

▸ Dann streckst du die Beine und senkst dabei die Unterarme in die Ausgangsposition zurück.

▸ Wiederhole die gesamte Bewegung langsam und konzentriert 20-mal.

1 Plie Squats mit Schulterseitheben

▸ Du stehst aufrecht. Gehe jetzt in eine breite Grätsche, die Knie sind gebeugt, optimal ist es, wenn deine Oberschenkel parallel zum Boden sind. Die Fersen zeigen nach innen, deine Fußspitzen nach außen.

▸ Nimm in jede Hand eine Hantel (mit jeweils 0,5 bis 1,5 kg). Ziehe den Bauchnabel zur Wirbelsäule und stabilisiere so den unteren Rücken. Verlagere das Gewicht auf deine Fersen, beuge die Knie und gehe in eine halbe Hocke.

▸ Schiebe dabei dein Becken etwas nach vorn, indem du deinen Po anspannst. Gleichzeitig hebst du die Arme seitlich an. Führe in dieser Position die Arme nach vorn.

▸ Du streckst die Beine wieder und senkst dabei die Unterarme nach vorn ab.

▸ Beuge die Knie erneut, gehe in die halbe Hocke und hebe gleichzeitig die Arme nach vorn

oben, Ellbogen und Schultern bilden eine Linie. Führe nun die Arme wieder zur Seite.

- Strecke die Beine, gleichzeitig senkst du die Unterarme wieder in die Ausgangsposition ab.
- Wiederhole dies langsam und konzentriert insgesamt 20-mal.

Übungstipp Hebe die Arme nur so hoch, bis sie sich auf Höhe der Schultern befinden.

2 Plie Squats mit Wadenheben und Trizepsstrecken

- Du stehst aufrecht. Gehe jetzt in eine breite Grätsche, die Knie sind gebeugt, optimal ist es, wenn deine Oberschenkel parallel zum Boden sind. Die Fersen zeigen nach innen, deine Fußspitzen nach außen.
- Nimm in jede Hand eine Hantel (mit jeweils 0,5 bis 1,5 kg). Ziehe den Bauchnabel zur Wirbelsäule und stabilisiere so den unteren Rücken Verlagere das Gewicht auf deine Fersen, beuge die Knie und gehe in eine halbe Hocke.
- Hebe jetzt beide Arme mit den Hanteln an und führe sie hinter den Kopf.
- Die Ellbogen zeigen in Richtung Decke, die Bizeps befinden sich neben dem Kopf.
- Ziehe den Bauchnabel zur Wirbelsäule und die Schulterblätter in Richtung Hosentaschen.
- Hebe die Hanteln jetzt langsam, indem du die Arme aus den Ellbogen heraus nach oben bewegst. Dann senke sie wieder ab.
- Wiederhole dies langsam und konzentriert 20-mal.

Übungstipp Achte darauf, dass du nur die Unterarme bewegst. Zieh die Hanteln ganz langsam von unten nach oben – etwa so, als ob du einen Korken zu langsam aus der Flasche ziehst.

» Kennst du diese Situation: Es ist Sommer, du trägst ein ärmelloses Top. Du willst dich verabschieden, winkst fleißig – und bemerkst, wie da was an deinem Oberarm wackelt? Dann ist diese Übung genau die richtige für dich. «

1 Wadenheben mit Kurzhanteldrücken

▸ Du stehst aufrecht, deine Beine sind etwas mehr als hüftbreit geöffnet. Die Füße bilden ein »V«, indem du die Fersen fest zusammendrückst und gleichzeitig die Zehenspitzen leicht nach außen drehst.

▸ Du spannst den Po an, presst die Fersen und die Oberschenkelinnenseiten aneinander, ziehst den Bauchnabel in Richtung Wirbelsäule und die Schulterblätter in Richtung Hosentaschen.

▸ Halte in jeder Hand eine Hantel (Gewicht etwa 0,5 bis 1,5 kg) und hebe die Arme seitlich an, so dass die Hanteln nach oben zeigen. Ellbogen und Schultern bilden eine Linie.

▸ Du hebst nun langsam die Fersen vom Boden, die Fersen berühren einander dabei die ganze Zeit. Gleichzeitig drückst du die Hanteln nach oben. Strecke die Arme, aber strecke dabei die Ellbogen nicht ganz durch.
Bringe langsam die Fersen und die Arme wieder in die Ausgangsposition.
▸ Wiederhole diesen Bewegungsablauf langsam und kontrolliert 20-mal.

Knackiger Bauch, starker Rücken

Und jetzt geht es weiter: Mit der zweiten Übungseinheit widmest du dich sechs Minuten lang den Muskeln an Rücken und Bauch! Damit baust du dir ein richtiges »Muskelkorsett« auf, das deine Figur verbessert. Und auch Rückenschmerzen gehören damit der Vergangenheit an.
▸ Das Ziel der folgenden Übungen: Kräftigung der gesamten Rücken- und Bauchmuskulatur.

2 Crunches – für die geraden Bauchmuskeln

▸ Begib dich in die Rückenlage, die Beine sind aufgestellt. Drücke die Fersen fest in den Boden. Die Arme streckst du seitlich neben dem Körper parallel zum Boden nach vorn, die Fingerspitzen ziehen in Richtung Fußende.
▸ Mit der Ausatmung ziehst du den Bauchnabel in Richtung Wirbelsäule und bringst den Oberkörper so weit nach oben, bis nur noch der untere Rand der Schulterblätter den Boden berührt.
▸ Der Blick geht in Richtung Knie, der Nacken ist ganz lang.
▸ Mit der Einatmung senkst du den Oberkörper Wirbel für Wirbel langsam wieder zum Boden hin ab, ohne ihn aber ganz abzulegen.
▸ Wiederhole den Ablauf langsam und kontrolliert 20-mal.

Übungstipp Wenn bei dieser Übung der untere Rücken schmerzt, lege deine Beine auf einen Stuhl oder auf einen großen Gymnastikball.

Silkes Tipp

Nur die Ruhe!

Führe bewusst alle Übungen sehr langsam aus. Denn grundsätzlich müssen bei sämtlichen Bewegungsabläufen die Muskeln richtig arbeiten, damit das Training den gewünschten Effekt hat. Das heißt, dass du die Bewegungen grundsätzlich ohne Schwung ausführst. Stattdessen arbeitest du konzentriert und ruhig: langsam heben – langsam senken. Halte die ganze Zeit die Muskelspannung im Bauch- und Beckenbereich. Trainiere immer mit einem festen Bauch, lass die Bauchmuskeln nicht locker. Dazu ziehst du den Bauchnabel in Richtung Wirbelsäule und leicht nach oben. Bleibe auch gedanklich die ganze Zeit bei deinem Übungsprogramm, umso höher ist die Wirkung!

1 Schräge Crunches

▸ Nimm dieselbe Ausgangsposition wie für die Crunches (siehe Seite 65) ein – die Rückenlage mit aufgestellten Beinen.

▸ Lege nun den rechten Fuß an die Innenseite des linken Knies.

▸ Mit der Ausatmung ziehst du den Bauchnabel in Richtung Wirbelsäule, bringst deine verschränkten Hände hinter den Kopf und legst deinen Kopf in die Hände.

▸ Mit dem nächsten Ausatmen führst du deinen rechten Ellbogen zum linken Knie. Das Knie zeigt die ganze Zeit nach links. Senke deinen Oberkörper langsam ab, aber nie ganz, halte die ganze Zeit die Spannung.

Wiederhole den Bewegungsablauf langsam und kontrolliert 20-mal.

Übungstipp Die Kraft muss hier aus dem Bauch kommen, nicht aus den Armen oder dem Rücken. Ziehe den Kopf nicht mit den Händen nach oben, er liegt die ganze Zeit entspannt in deinen Händen. Die Ellbogen zeigen immer nach außen.

2 Vierfüßlerstand für einen starken Rücken

▸ Die Ausgangsposition ist der Vierfüßlerstand.
▸ Mit der Ausatmung ziehst du den Bauchnabel in Richtung Wirbelsäule und deine Schulterblätter in Richtung Hosentaschen.
▸ Mit der nächsten Ausatmung hebst und streckst du gleichzeitig deinen rechten Arm und dein linkes Bein, bis sie eine Linie bilden.
Halte den Kopf immer in Verlängerung zur Wirbelsäule, der Blick ist auf den Boden gerichtet.
▸ Mit der nächsten Einatmung ziehst du deinen rechten Arm und das linke Bein diagonal unter deinem Körper zusammen, bis dein rechter Ellbogen das linke Knie berührt. Arbeite langsam, konzentriert und ohne Schwung. Die Hüften hältst du die ganze Zeit parallel zum Boden.
▸ Wiederhole den Bewegungsablauf langsam und kontrolliert 10-mal. Wechsle dann die Seite und absolviere nochmals 10 Wiederholungen.

Übungstipp Um die Kniegelenke zu schonen, kannst du dir bei dieser Übung ein Handtuch unter die Knie legen. Übrigens ist es hier besonders wichtig, die Bewegung sehr korrekt auszuführen – wenn du also nicht mehr so richtig kannst, absolviere lieber weniger Wiederholungen, aber diese dann wirklich ganz exakt.

1 Flieger

▸ Du liegst auf dem Bauch, die Arme liegen am Boden und sind lang nach vorn gestreckt.

▸ Mit der Ausatmung ziehst du den Bauchnabel in Richtung Wirbelsäule, die Schulterblätter in Richtung Hosentaschen und hebst gleichzeitig deinen Ober- und Unterkörper sowie deine Arme und Beine in voller Länge und gestreckt vom Boden.

▸ Wichtig bei dieser Bewegung: Deine Fußspitzen ziehen weit nach hinten, deine Fingerspitzen nach vorn.

▸ Nun führst du ausatmend die gestreckten Arme über die Seite nach hinten, ohne sie abzulegen. Halte die Spannung im gesamten Körper, auch die Beine bleiben nach hinten gestreckt. Einatmend führst du die Arme wieder nach vorn.

▸ Führe deine Arme insgesamt 10-mal vor und zurück.

Übungstipp Halte die ganze Zeit die Spannung im Bauch und denke immer daran, dass du ein wenig Platz unter deinem Bauchnabel lässt – gerade so viel, dass ein kleines Küken darunter hindurchspazieren könnte. Dein Blick ist die ganze Zeit auf den Boden gerichtet.

Entspannender Abschluss mit dem Dehn-Programm

Neben der Ausdauer und der Kraft ist die Beweglichkeit ein weiterer sehr wichtiger Punkt, wenn man seinen Körper wirklich umfassend trainieren und fit machen möchte. Leider achten viele Menschen überhaupt nicht darauf. Oft hat man auch einfach keine richtige Lust auf ein ordentliches Stretching. Was nutzen aber eine super Ausdauer und schöne Muskeln, wenn man steif wie ein Brett ist und zum Beispiel nicht mal aus dem Stand mit den Händen bis zum Boden kommt? Regelmäßiges Dehnen verhilft dir zu geschmeidigen Bewegungen und Flexibilität. Und es ist sogar besonders angenehm, sich nach dem Training zu dehnen, weil das die Muskeln dabei unterstützt, sich zu regenerieren. Betrachte dein Dehn-Programm am besten als zusätzliche Entspannungseinheit. Du wirst merken, wie angenehm es ist, eine gewisse Elastizität und Streckung im Körper zu spüren. Mit mehr Beweglichkeit gewinnst du auch eine aktive, aufrechte Körperhaltung, was dich dynamischer und größer wirken lässt.

▸ Das Ziel der folgenden Übungen: die ganzheitliche Dehnung der Muskulatur.

2 Nackendehnen

▸ Du stehst aufrecht, die Füße sind hüftbreit geöffnet.

▸ Ziehe nun das Kinn leicht zum Brustbein, der Nacken bleibt dabei lang.

▸ Neige deinen Kopf nach rechts, so dass sich dein rechtes Ohr zur Schulter hin bewegt. Ziehe gleichzeitig den linken Arm in Richtung Boden.

▸ Halte diese Dehnung einige Atemzüge und wechsle danach die Seite.

▸ Wiederhole diesen Ablauf im Wechsel 2- bis 3-mal pro Seite.

Übungstipp Der Abstand zwischen Ohr und Schulter soll möglichst groß sein, damit der seitliche Hals gut gedehnt wird. Versuche dafür deine Hand so weit wie möglich in Richtung Boden zu führen.

1 Schulterdehnen

► Du stehst aufrecht, die Füße hüftbreit geöffnet. Lege die linke Handfläche auf die Außenseite deiner rechten Schulter.

► Mit deiner rechten Hand drückst du den linken Ellbogen leicht nach hinten, damit intensivierst du die Dehnung.

► Halte diese Position 20 Sekunden lang und atme fließend weiter. Wechsle die Armhaltung und wiederhole diese Dehnübung mit dem anderen Arm.

2 Trizepsdehnen

► Du stehst aufrecht, die Füße hüftbreit geöffnet. Fasse mit der rechten Hand zum Nacken, sodass der Oberarm am rechten Ohr anliegt.

► Beuge den rechten Ellbogen und berühre mit deiner rechten Handfläche den oberen Rücken zwischen den Schulterblättern.

► Mit der linken Hand drückst du nun noch leicht an den rechten Ellbogen.

► Halte diese Position 20 Sekunden lang. Nun mit dem anderen Arm wiederholen.

3 Dehnen der Brustmuskulatur

- Deine Füße sind hüftbreit geöffnet. Hebe die Arme seitlich in die U-Haltung nach oben.
- Schiebe die Schulterblätter nach unten in Richtung Hosentasche. Halte den Rumpf stabil und mach deinen Nacken lang.
- Dehne die Brustmuskeln, indem du die Schulterblätter behutsam zur Wirbelsäule schiebst.
- Halte die Position 5 bis 6 Atemzüge lang.

4 Flankendehnung

- Deine Füße sind etwas mehr als hüftbreit geöffnet.
- Stütze die rechte Hand auf die rechte Hüfte, hebe den linken Arm leicht angewinkelt im großen Bogen über den Kopf. Beuge dich zur rechten Seite, bis du die Dehnung in der seitlichen Rumpfmuskulatur deutlich spürst. Die Schulterblätter ziehst du in Richtung Hosentaschen.
- Halte diese Position 2 bis 3 Atemzüge lang.

Silkes Tipp

Dehnen – wann und warum?

- Dehne deine Muskeln stets vor oder nach dem Training.
- Dehne auch immer wieder einmal einfach so, als eigene Trainingseinheit.
- Dehne immer wieder einmal zusätzlich, wenn du merkst, dass deine Muskeln verkürzt sind. Das ist der Fall, wenn du beispielsweise im Stehen nicht mehr deine Schuhe zubinden oder deine Hände nicht mehr hinter dem Rücken verschränken kannst oder wenn es dir schwerfällt, dich aufrecht hinzusetzen.

1 Dehnen der Oberschenkelmuskulatur

- Stehe auf einem Bein und umfasse das Fußgelenk des anderen Beines.
- Spanne deine Gesäßmuskulatur an und führe nun das angewinkelte Bein nach hinten in Richtung Po.
- Schiebe das Becken etwas nach vorn, ohne ins Hohlkreuz zu gehen.
- Atme ruhig weiter und halte diese Position 2 bis 3 Atemzüge lang.

2 Dehnen der Beinrückseite

- Setze dich auf den Boden, die Beine sind geschlossen.
- Oberkörper gerade, die Wirbelsäule lang. Ziehe die Zehenspitzen zu dir.
- Versuche deinen Oberkörper ganz langsam auf die Oberschenkel zu beugen und versuche mit deinen Händen so nah wie möglich an die Füße zu kommen. Dein Rücken bleibt während der ganzen Zeit gerade.
- Halte die Position 2 bis 3 Atemzüge lang. Komm dann langsam wieder zurück in die Ausgangsposition.

3 Dehnen der Schenkelinnenseite

▸ Setze dich mit weit gespreizten Beinen auf den Boden. Knie und Zehen sind nach oben gerichtet und du sitzt fest auf deinen Sitzbeinhöckern. Der Oberkörper ist gerade, die Wirbelsäule streckst du ganz bewusst in die Länge.

▸ Du legst die Handflächen auf beiden Seiten des Rumpfes auf den Boden und hältst diese Dehnung 2 Atemzüge lang. Der Rücken bleibt auch weiterhin schön lang.

▸ Nun legst du die Handflächen seitlich außen und innen an den rechten Oberschenkel. Dein Blick ist auf den Oberschenkel gerichtet. Halte diese Dehnung 2 bis 3 Atemzüge lang.

▸ Führe nun beide Hände zur Mitte und lege die Unterarme so weit es geht auf dem Boden vor dir ab. Jetzt schiebst du die Hände nach vorn. Halte diese Dehnung 2 bis 3 Atemzüge. Während der ganzen Übung hältst du deinen Rücken weiterhin gerade. Arbeite langsam und genieße die Dehnung.

▸ Nun wechselst du die Seite und wiederholst die gesamte Übungsfolge auf der linken Seite.

Übungstipp Die Dehnübungen auf diesen Seiten kannst du nach deinem 15-Minuten-Programm, aber auch nach deinem regulären Training (Ausdauer und Kraft – siehe ab Seite 74) ausführen. Und du kannst auch jederzeit zwischendurch mal ein paar Dehnübungen in deinen Alltag integrieren. Ich lege regelmäßig, über den ganzen Tag verteilt, kleine Dehnpausen ein. Danach fühle ich mich immer fitter und frischer als vorher. Also: nur ran!

Das Extra-Kraft-Programm

Um wirklich ganzheitlich fit zu werden und den Körper rundum stark zu machen, muss Krafttraining unbedingt mit auf dem Sportprogramm stehen. Kraft aufzubauen bedeutet jedoch nicht, dass man schwere Hanteln stemmen muss: Du schaffst das mit Pilates. Denn dein Krafttraining soll dich stärken, die Muskeln definieren und damit deinen Körper formen, für eine bessere Körperhaltung sorgen und dir ein positives Körpergefühl vermitteln.

Bereits nach wenigen Trainingseinheiten wirst du das Gefühl haben, dass du bereits stärker geworden bist. Dir fallen die Übungen immer leichter und du kannst die Wiederholungszahl deutlich steigern. Ja, das musst du sogar, denn deine Muskulatur kann sich nur weiterentwickeln, wenn du immer wieder neue Trainingsreize setzt. Erwarte nicht, dass sich alles über Nacht ändert. Nimm auch kleine Fortschritte wahr und freu dich darüber.

Ob Pilates oder ein anderes Krafttraining: So baust du dein Training optimal auf:

- Gestalte deinen Trainingsplan so, dass die beanspruchte Muskelpartie nach dem Training einen Tag Pause zur Regeneration und zum Aufbau hat.
- Zieh bei den Kraftübungen deinen Bauchnabel immer nach innen zur Wirbelsäule hin.
- Die Atmung findet hauptsächlich im Brustkorb statt. Beim Einatmen wird der Brustkorb weit. Stell dir am besten vor, dass du ein Korsett trägst, das du mit dem Einatmen öffnen musst. Beim Ausatmen stellst du dir dann vor, dass das Korsett wieder geschlossen werden muss.

- Zur Haltung während des Trainings ist Folgendes wichtig: Die Schultern bleiben schön unten, das heißt, der Abstand zwischen Ohren und Schultern ist groß. Stelle dir vor, dass du die Schulterblätter nach unten in deine Hosentaschen schiebst. Dein Kopf befindet sich direkt über dem Rumpf. Stelle dir vor, dein Kopf wäre ein Heißluftballon, der ganz leicht und locker nach oben fliegt und versuche, deinen Scheitel zum Himmel zu schieben. Das Becken hat eine neutrale Position. Damit du diese Position findest, stelle dich aufrecht hin, lass die Knie ganz locker, deine Füße sind schulterbreit geöffnet, die Fußspitzen zeigen nach vorn. Kneif jetzt ganz fest den Po zusammen. Dein Becken wird sich nun nach vorn schieben. Löse jetzt die Anspannung im Po und schieb dein Steißbein nach hinten, bis du im Hohlkreuz stehst. Das sind die Extreme – und die neutrale Beckenposition liegt genau dazwischen.
- Achte darauf, dass du grundsätzlich jede Übung langsam und ohne Schwung ausführst.
- Du musst nicht möglichst viele Wiederholungen schaffen. Wichtiger: Jede einzelne Bewegung soll korrekt und bewusst ausgeführt werden.
- Nach dem Pilates dehne unbedingt die beanspruchten Muskeln!

Du musst wirklich keine Angst vor zu großen Muskelpaketen haben (siehe auch Kasten unten). Trainiere am besten mit kleinen Gewichten und vielen Wiederholungen – es sollten etwa 15 bis 20 pro Übung sein. So formst du die Muskeln, ohne dass sie massig und groß werden.

Märchen über Krafttraining

Märchen 1: Wenn du abnehmen möchtest, solltest du nur Ausdauersport betreiben und kein Krafttraining.
Wahrheit: Gewichtsreduktion erfordert ein ausgewogenes, umfassendes Trainingsprogramm. Besonders gut eignet sich eine Kombination aus Ausdauer- und Krafttraining. Und Krafttraining bietet sogar noch einen weiteren positiven Effekt für die Gewichtsabnahme: Die aufgebauten Muskeln verbrennen mehr Fett und steigern deine Leistungsfähigkeit (siehe ab Seite 28).
Märchen 2: Durch Krafttraining bekommst du dicke Muskeln und nimmst zu.
Wahrheit: Voraussetzung für einen großen Muskelzuwachs ist ein hoher Testosteronspiegel und das Training mit sehr schweren Gewichten. Frauen fehlen die dafür notwendigen Hormonmengen und normalerweise haben sie auch gar nicht die Kraft, solch riesige Muskelpakete aufzubauen.
Märchen 3: Trainiere nicht mit Gewichten, wenn du schon älter, übergewichtig oder untrainiert bist.
Wahrheit: Gerade Krafttraining verjüngt, reduziert Körperfett und formt die gesamte Muskulatur. Es ist also wirklich für jeden Menschen geeignet.

Kraft und Muskeln aufbauen mit Pilates

Pilates verleiht deinem Körper mehr Kraft, und macht ihn gleichzeitig fit und beweglich. Auf ganz schonende Weise trainierst du sehr effektiv deine Körperhaltung, deine richtige Atmung und deine Koordination. Das Pilates-Training strafft deinen Körper und macht gerade die weiblichen Problemzonen wie Bauch, Beine und Po schön fest. Entwickelt wurde Pilates von dem Deutschen Joseph Pilates (1880–1967) in den 20er-Jahren des vorigen Jahrhunderts.
Ich habe die Methode Pilates vor ein paar Jahren kennengelernt und war sofort davon begeistert. Es war genau das, was ich immer gesucht hatte: Ich wollte einen kräftigen Körper, jedoch ohne dicke Muskelpakete und gleichzeitig wollte ich etwas für meine Beweglichkeit tun. Ich hatte bemerkt, dass ich mit zunehmendem Alter immer steifer wurde und dagegen wollte ich angehen. Nach und nach merkte ich, dass sich Pilates von allen anderen Trainingsformen unterschied. Ich bemerkte, dass ich mit diesem Training Muskeln spürte, die ich lange nicht mehr oder noch nie gespürt hatte. Jede Übung wird sehr präzise, mit viel Konzentration und der bewussten Aufmerksamkeit für die beanspruchte Muskulatur ausgeführt. Man lernt wieder wahrzunehmen, was gut für den eigenen Körper ist und wie sich Bewegung anfühlt.
Meine Schmerzen im Lendenwirbelbereich und die Verspannungen im Nacken verschwanden nach einigen Trainingsstunden. Dies habe ich mit keinem anderen Workout geschafft. Pilates trainiert die tieferliegende Muskulatur und verschafft einem damit eine neue Körperhaltung. Diese Muskulatur ist nicht immer von außen sichtbar. Sie vergrößert somit auch nicht den Umfang deiner Oberschenkel oder deiner Arme. Mit Pilates trainierst du die Muskulatur von innen nach außen. Die gekräftigte tieferliegende Muskulatur stützt deinen gesamten Körper und entlastet damit deine Wirbelsäule. Der ganze Körper streckt sich. Du kannst damit wieder aufrecht durchs Leben gehen. Ich verwende dafür immer das Bild einer Balletttänzerin: welche Körperhaltung, Körperspannung und Anmut! Stell dir dieses Bild vor und du weißt, was Pilates bewirkt.

Aufrecht und stolz Größe zeigen

Ein berühmter Satz von Joseph Pilates lautet: »Du wirst dich nach zehn Stunden besser fühlen, nach zwanzig Stunden besser aussehen und nach dreißig Stunden wirst du einen komplett neuen Körper haben.« Damit meinte er gar nicht, dass du nach dreißig Stunden viele Kilos leichter bist. Sondern der Körper verändert sich dadurch, dass du aus einer eingesunkenen in eine aufrechte Position kommst.
Ich habe das selbst auf eine buchstäblich anschauliche Weise erlebt: Meine beste Freundin war immer 1 bis 2 Zentimeter größer als ich. Vor ein paar Monaten haben wir uns nebeneinandergestellt und sie musste mit Entsetzen feststellen, dass sie jetzt nicht mehr größer ist! Ich hatte sie eingeholt! Natürlich bin ich im Alter von fast 40 Jahren nicht mehr wirklich gewachsen. Ich habe nur durch Pilates Muskeln aufgebaut, die es mir ermöglichen, mich in die Höhe zu strecken, mich groß zu machen. Super, oder?!

Einige Besonderheiten beim Pilates

Sehr hilfreich beim Pilates ist das Visualisieren von Bildern und Bewegungsabläufen. Beispiele dazu findest du zu jeder Übung auf den folgenden Seiten jeweils im Übungstipp. Das Visualisieren gibt dir eine bessere Vorstellung zu der jeweiligen Übung und hilft dir, den Ablauf genauer und bewusster auszuführen.

Das Powerhouse, deine Kraftzentrale

Das A und O beim Pilates-Training ist das Aktivieren der Körpermitte, welche auch Powerhouse genannt wird. Aktiviere dein Powerhouse so oft wie möglich. Ein gut entwickeltes Powerhouse hält deinen Bauch flach. Das Powerhouse wird vorbereitend am Beginn jeder Übung erst einmal ganz bewusst aktiviert.
Und so funktioniert es: Ausatmen und Bauchnabel in Richtung Wirbelsäule und nach oben ziehen. Während der Übungen hältst du weiter den Nabel in leicht eingezogener Position. Das Becken bleibt in neutraler Position. Stell dir dazu am besten folgendes Bild vor: An deinem Steißbein ist ein Faden mit einem leichten Gewicht befestigt. Das Gewicht zieht gerade nach unten zum Boden.
Die Grundposition der Füße beim Pilates ist die sogenannte Pilates-Stellung. Diese wird auch Pilates-V genannt. Durch das Anspannen der Pomuskeln werden dabei die Beine von der Hüfte aus bis zu den Fersen leicht auswärts gedreht und leicht zusammengedrückt. Somit bilden die Beine und die Füße ein V und es entsteht eine Anspannung der Innenschenkel.

So trainierst du richtig

- Die Übungen solltest du auf einer weichen Matte durchführen.
- Gesicht und Kiefer sind während der gesamten Übungen locker und entspannt.
- Atme während der Übungen bewusst durch die Nase ein. Dein Brustkorb weitet sich seitlich. Dann atmest du durch den Mund wieder aus und dein Brustkorb schließt sich. Du atmest nicht in den Bauch, sondern seitlich in den Brustkorb. Halte deinen Atem niemals an, auch nicht, wenn es gerade anstrengend ist. Lass den Atem immer fließen.
- Besonders wichtig ist die exakte Ausführung jeder einzelnen Übung.
- Wiederhole die Übung, bis du die erste Ermüdung spürst. Versuche wirklich jede Bewegung der Übung in voller Länge auszuführen. Halte die Körperspannung und strecke dich. Behalte immer das Bild einer Balletttänzerin vor Augen – ihre stolze Haltung, Körperspannung und Leichtigkeit.
- Führe die Übungen immer ruhig und entspannt aus. Spanne nur die Muskeln an, die gerade arbeiten sollen, ohne sie jedoch zu verkrampfen.

*» Viele trainieren ihre Bauchmuskeln und **spüren** danach **Schmerzen im Nacken** oder am vorderen Hals. Wenn das so ist, dann stimmt **irgendetwas** an der **Übungshaltung** nicht, denn: Wenn ich Übungen für den **Bauch** mache, dann **sollte** diese **Region** auch unbedingt etwas davon **merken**. «*

1 Grundposition Rückenlage

▸ Du liegst in Rückenlage auf deiner Matte. Deine Fußsohlen, das Kreuzbein, die Brustwirbelsäule, Schultergürtel, Arme und Hinterkopf berühren den Boden.

▸ Hals- und Lendenwirbelsäule sind leicht gebogen und berühren nicht den Boden. Dein Becken ist in neutraler Stellung, das heißt, du gehst nicht ins Hohlkreuz, drückst aber die Lendenwirbelsäule auch nicht fest auf den Boden.

▸ Das Gewicht deines Schultergürtels vertraust du komplett dem Boden an. Deine Beine sind hüftbreit aufgestellt, die Knie angewinkelt.

1

2 The Hundred

Diese klassische Pilates-Übung heißt »The Hundred«, weil man dabei 5-mal ein- und ausatmet. Das insgesamt 10-mal. Und bei jedem Ein- oder Ausatmen bewegt man die Arme – insgesamt also 100 Pumpbewegungen. Wenn du das schaffst, bist du schon sehr gut trainiert. Bauchmuskulatur, Arme und Oberschenkel werden gekräftigt, Rumpf und Schultern stabilisiert.

- Du liegst in Rückenlage, die Beine sind so angehoben, dass deine Unterschenkel parallel zum Boden sind, die Arme liegen neben dem Körper. Mit der Ausatmung aktivierst du dein Powerhouse.
- Dann rollst du deinen Kopf und den Schultergürtel in großem Bogen vom Boden auf und führst dein Kinn in Richtung Brustbein. Der Blick ist zu den Knien gerichtet.
- Die Arme sind nach vorn in Richtung Füße gestreckt, die Handinnenflächen weisen nach unten. Bewege nun deine Arme in kleinen, schnellen Bewegungen auf und ab. Dein Oberkörper bleibt dabei ruhig, und du hältst die Spannung deines Powerhouses.
- Deine Hände pumpen 5-mal nach oben, während du dabei in fünf kurzen Zügen durch die Nase einatmest. Dann atmest du 5-mal stoßweise durch den Mund wieder aus, während die Hände 5-mal nach unten pumpen.
- Wiederhole diese Abfolge bis zu 10-mal. Komm danach wieder in die Rückenlage und entspanne dich.

Übungstipp Sobald dir bei dieser Übung der Rücken schmerzt, legst du eine Pause ein. **Stelle dir folgendes Bild vor:** Bewege die Arme so, als ob du den Rhythmus deines Lieblingsliedes schlagen würdest.

Ein Pilates-Klassiker

The Hundred ist eine der ersten Übungen, die von Josep Pilates entwickelt wurden. Sie sieht simpel aus, fordert aber wirklich alle Rumpfmuskeln! Wenn man einmal mit Pilates angefangen hat, begreift man sofort, wie der Erfinder dieses Krafttrainings von einem schwächlichen, kranken Kind zu einem trainierten, gesunden Erwachsenen werden konnte!

1 Single Leg Stretch

Diese Übung sorgt für eine Straffung und gleichzeitige Dehnung der Beinmuskulatur. Beine und Bauch werden außerdem gekräftigt, die Koordination wird geschult.

- Du liegst auf dem Rücken, die Beine sind so angehoben, dass die Unterschenkel parallel zum Boden gehalten werden. Atme vorbereitend ein.
- Mit der Ausatmung rollst du deinen Kopf und den Schultergürtel vom Boden nach oben. Strecke gleichzeitig das rechte Bein diagonal nach vorn. Das linke Bein bleibt gebeugt. Jetzt hältst du das Knie mit beiden Händen, indem du deine rechte Hand an die Innenseite des linken Knies legst und die linke Hand außen an deinen linken Unterschenkel.
- Wechsle anschließend deine Bein- und Handposition. Atme dabei 2-mal durch die Nase ein und 2-mal durch den Mund aus. Die Beine werden abwechselnd gestreckt und gebeugt.
- Zum Schluss atmest du ein, beugst die Beine und legst deine Hände auf die Knie. Rolle deinen Oberkörper mit der nächsten Ausatmung wieder in die Ausgangsposition zurück.

Übungstipp Lege den Kopf zwischendurch ruhig einfach am Boden ab, falls dir der Nacken schmerzt. **Stell dir folgendes Bild vor:** Du streckst deine Beine so lang, dass du mit deinen Fußspitzen einen Punkt an der gegenüberliegenden Wand berühren kannst.

2 Criss-Cross

Diese Übung kräftigt die Bauchmuskulatur und alle Muskeln rund um die Wirbelsäule, außerdem stabilisiert sie dein Powerhouse.

- Du liegst in Rückenlage. Hebe die Beine so an, dass die Unterschenkel parallel zum Boden positioniert sind, und verschränke die Hände hinter dem Kopf.
- Ausatmend hebst du deinen Kopf und die Schulter im großen Bogen an, drehst dabei deinen Oberkörper diagonal nach links und streckst gleichzeitig das rechte Bein gerade nach vorn.
- Wechsle mit der Einatmung die Seite und ziehe dazu dein rechtes Knie an die Brust, das linke Bein streckst du. Gleichzeitig versuchst du deinen linken Ellbogen in Richtung rechtes Knie zu bringen. Diese Position immer kurz halten, bevor du das Bein in einer kontrollierten Bewegung wieder streckst und das andere bewegst.
- Führe diese Bewegung langsam und fließend aus und wiederhole sie mindestens 5-mal zu jeder Seite.

Übungstipp Lege deinen Kopf entspannt in deine Hände. Die Kraft, die deinen Oberkörper zum Knie führt, kommt aus deinem Bauch. Halte während der ganzen Übung die Ellbogen weit auseinander. Bitte führe die Übung nicht durch, wenn du Rückenprobleme hast! **Stell dir folgendes Bild vor:** Eine starke Kraft führt deinen Oberkörper zum gebeugten Knie. Dein Knie wird wie von einem Magnet angezogen.

1 Single Leg Circles

Mit den Single Leg Circles kräftigst du die Muskeln an Beinen, Rücken und Po. Die Übung aktiviert die tieferliegenden Bauchmuskeln, mobilisiert und streckt die Wirbelsäule und verbessert die Koordinationsfähigkeit.

▸ Rückenlage, Beine und Arme sind lang nach unten ausgestreckt, die Handflächen zeigen zum Boden.

▸ Mit der Ausatmung ziehst du deinen Bauchnabel zur Wirbelsäule und nach oben.
Dein linkes Bein ziehst du entspannt zu dir und streckst es zur Decke – vergiss nicht, das Powerhouse zu aktivieren! Deine Zehen zeigen zur Decke, dein Bein ist leicht ausgedreht.

▸ Halte das Powerhouse aktiv. Male jetzt mit dem ausgestreckten Bein kleine Kreise über dir in die Luft. Das Becken bleibt ruhig. Atme bewusst aus, wenn du das Bein von dir weg führst.

▸ Je größer die Kreise sind, die du zeichnest, umso mehr ist dein Powerhouse gefordert.

▸ Führe diese Bewegung langsam und fließend mindestens 10-mal pro Seite aus.

Übungstipp Halte deine Arme völlig entspannt und übe keinen Druck auf den Boden aus. Die Stabilität soll aus dem Becken kommen. **Stell dir folgendes Bild vor:** Deine Zehe ist ein Pinsel, und du zeichnest damit einen großen Kreis an die Decke. Strecke dich dabei in alle vier Himmelsrichtungen. Wenn es dir zu schwerfällt, das Bein gestreckt an die Decke zu bringen, kannst du entweder das auf dem Boden liegende Bein aufstellen oder du beugst das gestreckte Bein und malst mit deinem Knie statt mit der Fußspitze einen Kreis in die Luft.

1

2 Shoulder Bridge

Bei dieser Übung werden die tieferliegenden Hüftgelenksmuskeln, Po und Bauch gestärkt und die Lenden- und Brustwirbelsäule mobilisiert. Außerdem schult die Shoulder Bridge die Koordination, dehnt Beinrückseite, Waden sowie die Hüftmuskeln und fördert die Durchblutung in den Beinen.

- Du befindest dich wieder in Rückenlage, deine Füße sind nah am Po aufgestellt, die Arme liegen neben dem Körper.
- Mit der Ausatmung aktivierst du dein Powerhouse, hebst dein Becken und rollst dann die Wirbelsäule langsam Wirbel für Wirbel auf, beginnend mit dem Steißbein. Wenn du das Gewicht deines Körpers auf den Schulterblättern spürst, hast du die optimale Höhe erreicht.
- Verlagere dein Körpergewicht jetzt auf dein rechtes Bein, hebe das linke Bein vom Boden und strecke es mit dem nächsten Einatmen gerade nach oben.
- Mit der Ausatmung senkst du das gestreckte linke Bein in einem großen Bogen nach vorn. Beim nächsten Einatmen hebst du das Bein wieder gerade nach oben.
- Wiederhole den gesamten Bewegungsablauf 4- bis 5-mal.
- Beende die Übung, indem du das gestreckte Bein anwinkelst und wieder auf den Boden stellst. Nun wiederholst du die Übung ebenso oft mit dem rechten Bein.

Übungstipp Deine Pomuskulatur sollte während dieser Übung ganz entspannt sein. Sobald du sie nämlich anspannst, verliert die Tiefenmuskulatur ihre Spannung. Gerade bei der Shoulder Bridge kann es zu Krämpfen in den Zehen kommen. Falls das passiert, überlege bitte, ob du genügend getrunken hast. Prüfe bitte auch, ob die Ursache für die Muskelkrämpfe eventuell ein Magnesiummangel sein kann. **Stell dir folgendes Bild vor:** Auf deinen Hüften liegt eine Wasserwaage. Die Luftblase darin bleibt während der gesamten Übung in der Mitte, weil deine Hüften ganz ruhig sind und waagerecht bleiben.

1 Grundposition Seitenlage

▸ Dein Oberkörper und deine Fersen liegen seitlich auf einer Linie. Stelle dir vor, du liegst mit deinem Rücken an einer Wand.
▸ Das Becken bleibt in neutraler Position, das heißt, deine Hüftknochen stehen übereinander. Deine Körpermitte ist gespannt, der Bauch leicht eingezogen, also das gesamte Powerhouse aktiv, so dass deine Taille angespannt ist.
▸ Schiebe die Schulterblätter in Richtung Hosentaschen, deine Schultern befinden sich genau übereinander.
▸ Dein Kopf liegt ruhig auf dem lang ausgestreckten Arm. Der Nacken ist lang, locker und entspannt.

Übungstipp **Stell dir folgendes Bild vor:** Seitlich unter deiner Lendenwirbelsäule liegt ein Luftkissen. Mit diesem Bereich deines Körpers berührst du also nicht den Boden.

Side Kicks Übungen

Eine dynamische Kombination aus Front Kick, Up and down und Circles!
Diese Bewegungsfolge kräftigt Oberschenkel- und Pomuskeln und sie schult die Fähigkeit, gezielt bestimmte Muskeln einzusetzen und andere mühelos zu entspannen.

▸ Du liegst in Seitenlage, dabei kannst du die Hand, die sich oben befindet, vor dir, in Höhe deines Brustbeins, auf dem Boden ablegen.
Die Beine liegen in einem 45-Grad-Winkel zum Körper.
▸ Mit der Ausatmung aktivierst du dein Powerhouse, ziehst deine Schulterblätter in Richtung Hosentaschen und machst deine Halswirbelsäule ganz lang.

Übungstipp Side Kicks sind ein ganzes Set von Beinübungen. Josef Pilates hat diese speziell für Tänzerinnen entwickelt.

2 Front Kick

▸ Mit der Einatmung hebst du das obere Bein an und kickst 5-mal energisch mit gestrecktem Bein nach vorn. Bringe dann das Bein wieder in die Ausgangsposition.
▸ Mit der Ausatmung führst du dein oberes Bein so weit wie möglich hinter deinen Körper. Dann kippe deine Hüften leicht nach vorn, damit die Gesäßmuskeln sich anspannen.
Mach dein oberes Bein länger als das untere.
Wiederhole diese Bewegung 10- bis 12-mal.

3 Up and down

- Beginne mit den Up and downs genauso, wie mit den Front Kicks. Du liegst auf der Seite, die Beine liegen aufeinander. Mit der Einatmung führst du das obere Bein nach oben.
- Mit der Ausatmung senkst du das Bein, gegen einen imaginären Widerstand, wieder ab.
- Spanne die Muskulatur der Oberschenkelinnenseite an.
- Wiederhole diese Übung 10- bis 12-mal.

4 Circles

- Du liegst in Seitenlage und hebst das obere Bein etwas an.
- Mit dem gestreckten Bein zeichnest du nun kleine Kreise im Uhrzeigersinn. Bei jedem Kreis berühren sich deine Fersen.
- Atme dabei gleichmäßig weiter.
- Wiederhole diese Übung 8- bis 10-mal, dann nochmals 8- bis 10-mal gegen den Uhrzeigersinn kreisen.

Übungstipp Es geht bei dieser Übung darum, dass du das Bein vom Hüftgelenk aus bewegst. **Stell dir folgendes Bild vor:** Deine Hüfte ist ein stabiles Scharniergelenk und lässt dein Bein ganz einfach vor, zurück, hoch und runter schwingen. Wenn du dein Bein kreisen lässt (Circles), kannst du dir vorstellen, wie du einen Hula-Hoop-Reifen um deine Fußspitze schwingst.

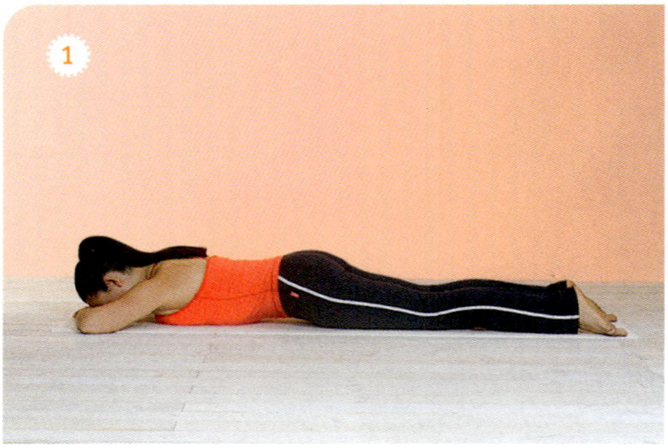

1 Grundposition Bauchlage

▸ Du liegst lang ausgestreckt auf dem Bauch, deine Stirn ruht auf den übereinandergelegten Handrücken.
▸ Du ziehst die Schulterblätter in Richtung Hosentaschen, deinen Nacken machst du lang und locker.
▸ Ziehe den Bauch ein, deine Bauchdecke bewegt sich in Richtung Wirbelsäule. Die Beine sind leicht nach außen gedreht.

Übungstipp **Stell dir folgendes Bild vor:** Achte darauf, dass du unter deinem Bauch so viel Platz lässt, dass ein kleines Küken sich gefahrlos darunter kuscheln könnte!

2 Swimming

Die Übung kräftigt den unteren Rücken, aktiviert das Körperzentrum, schult die Koordination. Die Bauchmuskulatur wird sanft gedehnt.

▸ Du liegst in Bauchlage, die Arme sind lang nach vorn gestreckt.
▸ Mit der Ausatmung ziehst du den Bauchnabel in Richtung Wirbelsäule, die Schulterblätter in Richtung Hosentaschen und hebst Ober- und Unterkörper, Arme und Beine in voller Länge und gestreckt vom Boden ab. Deine Fußspitzen ziehen dabei nach hinten, deine Fingerspitzen nach vorn.
▸ Lass jetzt deine Atmung fließen und paddele mit Armen und Beinen diagonal abwechselnd ruhig und präzise.
▸ Halte den Bauch flach, den Rumpf stabil und halte den Abstand zwischen Ohren und Schulter möglichst weit.
▸ Atme fließend 5- bis 6-mal ein und aus und lege danach deine Beine und Arme ab.

Übungstipp Ziehe während der ganzen Übung deinen Nabel zur Wirbelsäule. Überstrecke den Hals nicht, mach ihn lang. **Stell dir folgendes Bild vor:** Du »malst« mit Händen und Füßen ein großes X, das mit jeder Bewegung größer und größer wird.

3 Heel Beats

Die Übung kräftigt von Rücken, Po und hinteren Oberschenkelmuskeln.

▸ Du liegst in Bauchlage, dein Kopf liegt auf den verschränkten Handflächen. Bringe die Beine in die Pilates-Stellung (siehe Seite 77), spanne die Pomuskeln an und presse die Beine zusammen.
▸ Mit der Ausatmung aktivierst du dein Powerhouse und hebst die lang ausgestreckten Beine vom Boden. Ziehe die ganze Zeit deinen Bauchnabel in Richtung Wirbelsäule. Der Schultergürtel ist locker und entspannt.
▸ Jetzt schlage 15- bis 20-mal die angehobenen Beine schnell und kurz gegeneinander. Danach gehe wieder zurück in die Bauchlage und entspanne dich.

Übungstipp Falls du Beschwerden an der Schulter oder den Ellbogen hast, drehe bei dieser Übung die Handflächen zum Gesicht. Konzentriere dich auf deine Körpermitte und strecke deine Beine schön weit nach hinten. **Stell dir folgendes Bild vor:** Du treibst im Wasser und hebst deine Beine ohne Mühe über die Wasseroberfläche.

1 Grundposition Vierfüßlerstand

▸ Die Handballen befinden sich genau senkrecht unter den Schultern, die Knie genau senkrecht unter den Hüften.
▸ Die natürliche S-Kurve der gesamten Wirbelsäule bleibt erhalten. Hebe dein Brustbein in Richtung Wirbelsäule.

Übungstipp **Stell dir folgendes Bild vor:** Auf deinem Hinterkopf, deiner Brustwirbelsäule und auf deinem Kreuzbein liegt ein imaginärer Stab – diese Punkte befinden sich alle auf einer Linie, damit der gedachte Stab nicht runterfällt.

2 Leg Circles aus dem Vierfüßlerstand

Das Ziel dieser Übung ist die Kräftigung des gesamten Körpers sowie die Straffung der Gesäßmuskeln.

▸ Du gehst in den Vierfüßlerstand, die Hände befinden sich direkt unter den Schultern, die Knie direkt unter dem Becken, die Wirbelsäule ist lang, die Fingerspitzen zeigen nach vorn.
▸ Stütze dich mit gestreckten Armen auf deine Hände.
▸ Mit der Ausatmung aktivierst du dein Powerhouse. Danach bringst du mit der nächsten Ausatmung dein rechtes Bein nach hinten, so dass es sich in Verlängerung der Wirbelsäule befindet.
▸ Dein Powerhouse ist die ganze Zeit aktiv, dein Blick ist zum Boden gerichtet.
Strecke deine Zehen und beginne, kleine Kreise an einer imaginären Wand hinter dir zu zeichnen. Mach dich lang und strecke dich.
▸ Atme fließend weiter und kreise 10 Atemzüge lang mit dem Fuß. Dann wechsle die Seite und kreise ebenso lange mit dem anderen Fuß.

Übungstipp Halte Kopf und Nacken lang, lass deinen Kopf nicht hängen und die Schultern nicht einsinken. Achte auch darauf, dass du das Becken nicht verdrehst und nicht senkst: Es soll stets gerade und parallel zum Boden gehalten werden.

3 Heel Beats aus der Seitenlage

Schult die Stabilisierung des Beckens und kräftigt die Oberschenkelinnenseite und den Po.

- Du liegst in Seitlage, deinen Kopf legst du auf deinen am Boden ausgestreckten Arm. Die Hand des oben liegenden Armes kannst du vor dir in Brustbeinhöhe aufstellen.
- Mit der nächsten Ausatmung aktivierst du dein Powerhouse, ziehst deine Schulterblätter in Richtung Hosentaschen und machst deine Halswirbelsäule ganz lang. Dein Becken liegt neutral, beide Beckenknochen befinden sich also genau übereinander.
- Mit der nächsten Ausatmung hebst du beide Füße so weit vom Boden ab, dass wenigstens die Unterschenkel den Boden nicht mehr berühren. Bring deine Füße in die Pilates-Stellung (siehe Seite 77). Spanne die Muskeln an Po und Oberschenkelinnenseiten an und presse die Beine fest zusammen.
- Mit der nächsten Ausatmung aktivierst du dein Powerhouse und schlägst die Fersen 20-mal kurz und schnell gegeneinander.

Übungstipp Versuche, deine Fersen richtig fest zusammenzuführen – so als wolltest du mit ihnen klatschen. Das darf ruhig auch zu hören sein!

Ergänzungs-programm Ausdauer

Nun kommen wir zum Part »Ausdauertraining«. Es rundet deine Fitness ab. Laufen, Radfahren oder Walken sind die Klassiker unter den Ausdauersportarten. Ihr Vorteil ist, dass sie praktisch jeder und überall ausüben kann. Es sind keine aufwendigen Vorbereitungen, keine Geräte, kein Gang ins Fitnessstudio notwendig.

Ein Ausdauertraining ist jedoch nur erfolgsversprechend, wenn es regelmäßig, und nicht nur für kurze Zeit praktiziert wird. Für den Anfang reichen zwei- bis dreimal pro Woche 20 Minuten. Der Faktor »Spaß« ist hier sehr wichtig, deshalb suche dir wirklich deinen Favoriten aus – egal, ob du daheim auf einem Ergometer oder im Freien trainierst. Tipps und Informationen für die Auswahl des passenden Sports findest du auf der hinteren Klappe.

Der richtige Einstieg

Ich habe schon oft erlebt, dass Leute zu schnell und zu hart mit dem Training beginnen. Es kommt aber nicht darauf an, besondere Härte zu zeigen, indem man das Training mit hochrotem Kopf und zittrigen Beinen beendet. Gerade dies ist ungesund, überlastet Kreislauf und Immunsystem. Die Folge ist, dass du dich schneller an Gelenken und Sehnen verletzen kannst oder rasch mal einen Schnupfen bekommst. Dies führt dann wieder dazu, dass du das Training unterbrechen musst … und wir sind wieder am Anfang. Deshalb ist es wichtig, dass du so mit deinem Training beginnst, dass du dich danach gut fühlst. Ganz wichtig: Achte auf deine Herzfrequenz, miss deinen Puls (Kasten rechts).

Ein pulsorientiertes Training hat den Vorteil, dass du deine Trainingseffekte besser feststellen kannst. Deine aktuelle Herzfrequenz ermittelst du, indem du dein Training für 15 Sekunden unterbrichst und deinen Pulsschlag misst. Du ermittelst so den Belastungspuls. Eine wichtige Aussage über deine Fitness erhältst du durch deinen Ruhepuls. Dieser wird durch regelmäßiges und gezieltes Ausdauertraining deutlich gesenkt – und das ist super!

Was ist die optimale Trainingsherzfrequenz?

Pauschal kann diese Frage schlecht beantwortet werden, da der optimale Wert von vielen Faktoren abhängig ist. Alter, Geschlecht und Trainingszustand spielen beispielsweise eine Rolle. Die Aussage mancher Trainerkollegen »Ein optimaler Puls liegt zwischen 120 und 140« – kann so allgemein nicht gelten.

Wie du den Puls richtig misst

Falls du keine Pulsuhr zur Verfügung hast, kannst du deinen Puls auch ganz einfach durch Ertasten am Handgelenk oder an der Halsschlagader messen.
Am Handgelenk: Lege den Zeige- und Mittelfinger auf das Gelenk der anderen Hand.
Am Hals: Lege deinen Zeige- und Mittelfinger genau unter dem Kieferknochen seitlich des Kehlkopfes an deinen Hals. Spürst du deinen Pulsschlag? Dann bleibe ruhig stehen und beginne zu zählen. Zähle die Schläge 15 Sekunden lang und multipliziere diese Anzahl mit dann 4. Dieser Wert gibt deinen Puls pro Minute an.

Was ist der Ruhepuls? Unter Ruhepuls versteht man den Puls, den man morgens im Bett noch vor dem Aufstehen hat. Also miss erst einmal den Puls, noch bevor du ein Bein aus dem Bett schwingst.

Ruhepulswerte

	Alter unter 40	40 bis 60	über 60
Bestwerte!!!	weniger als 50	weniger als 55	weniger als 60
Immer noch sehr gut	50–59	55–64	60–69
Durchschnittlich	60–69	65–74	70–79
Weniger gut	70–80	75–85	80–90
Schlechter Wert	über 80	über 85	über 90

Es gibt unterschiedliche Methoden, seine optimale Trainingsherzfrequenz festzustellen: Eine der sichersten ist die Leistungsdiagnostik per Laktatanalyse. Hierbei werden anhand einer Blutuntersuchung beim Arzt oder in dafür qualifizierten Studios deine persönlichen Grenzen festgestellt. Eine andere Methode bieten allgemein gültige Formeln. Meine Faustformel zum Beispiel zeigt dir, wie du es vermeiden kannst, zu hart zu trainieren. Die einzelnen Trainingsziele werden dabei von der maximalen Herzfrequenz (MHF) als Ausgangsgröße abgeleitet.

Faustformel für Frauen:
MHF = 226 minus Lebensalter
Faustformel für Männer:
MHF = 220 minus Lebensalter:

- **Du willst etwas für deine Gesundheit tun?**
  Dann trainiere mit 50 bis 60 Prozent deiner MHF. Wichtig ist dabei immer: Du fühlst dich gut, locker.
- **Du möchtest deinen Fettstoffwechsel ankurbeln?**
  Dann trainiere mit 60 bis 70 Prozent der MHF. Wichtig: Dabei noch ein Gespräch zu führen, dürfte kein Problem sein.
- **Du möchtest deine Fitness verbessern?**
  70 bis 80 Prozent der MHF dürfen es dann sein. Wichtig: Du strengst dich an, aber es ist erträglich.
- **Du möchtest deine Ausdauer und dein Tempo steigern?**
  Trainiere mit 80 bis 90 Prozent der MHF. Wichtig: Du muss jetzt nicht unbedingt Gespräche führen können.

Zusätzlich, egal nach welcher Methode du vorgehst, solltest du stets auf dein eigenes Empfinden achten. Das Training solltest du stets »leicht bis etwas anstrengend« finden.

Welche Ausdauersportart passt zu mir?

Kombiniere dein tägliches 15-Minuten-Fitness-Programm (ab Seite 58) mit einer geeigneten Ausdauersportart. Wähle die, die dir besonders viel Spaß macht. Die Auswahl an Ausdauersportarten ist groß, hier einige Beispiele: Walken, Nordic Walking, Laufen, Radfahren, Indoor Cycling, Schwimmen, Inlineskating, Cardiotraining (Studio). Ich möchte mich aber hier auf die aus meiner Sicht wichtigsten Ausdauersportarten beschränken.
In der Übersicht auf der hinteren Innenklappe dieses Buches habe ich dir die wichtigsten Ausdauersportarten mit einer Bewertung zum Energieverbrauch, Trainingseffekt auf Muskeln und Koordination, Belastung für die Gelenke, Verletzungsgefahr und mit einem persönlichen Fazit zusammengestellt. Diese Liste berücksichtigt individuelle Bedürfnisse. Wähle deine Ausdauersportart sinnvoll aus: Wenn du

Silkes Tipp

Nordischer Spaß

Wenn du schon gut trainiert bist, kannst du es mal mit Nordic Running auf hügeligem Gelände versuchen. Diese Sportart ist eine Kombination aus Jogging und Nordic Walking. Es macht viel Spaß, ist supereffektiv und man kann sich total dabei auspowern!

beispielsweise stärkeres Übergewicht hast, passt eine gelenkschonende Variante. Meine persönlichen Favoriten sind Walking, Nordic Walking und Radfahren. Sie sind sehr gelenkschonend und du bist unabhängig von Öffnungszeiten und Anfahrtswegen, wie du sie beim Training im Schwimmbad oder im Studio berücksichtigen musst. Und mal ehrlich: Mit schnellem Gehen ins Training zu starten und so die Ausdauer zu verbessern, ist doch an Unkompliziertheit kaum zu toppen!
Das Radfahren bietet dir zusätzlich die Chance, das Auto öfter mal stehen zu lassen. Du sparst Geld, schützt die Umwelt, machst dich fit und kannst das Training gut in deinen Alltag integrieren. Also, wenn das keine guten Gründe sind!
Eine wirkliche Alternative für die kalte Jahreszeit ist der Crosstrainer. Auf diesem Gerät kannst du wie beim Nordic Walking nicht nur die Beine, sondern gleichzeitig auch deine Rumpf-, Arm- und Schultermuskulatur trainieren.

Walking

Für den Start ins Ausdauertraining eignet sich das Walken besonders gut. Es ist so einfach! Walking bedeutet nichts anderes als Gehen. Du setzt einfach nur die Arme intensiver ein als beim normalen Spazierengehen. Damit beanspruchst du deine Muskulatur stärker, baust sie auf und verbrennst mehr Kalorien.
Die Anstrengung beim Walken lässt sich einfach dosieren: Du gehst schnell oder etwas langsamer, du walkst auf ebener Strecke oder bergauf. Wenn du den Anspruch weiter steigern willst, trägst du beim Walken kleine Hanteln in den Händen.

4-Wochen-Einstieg Walking

Für Anfänger:
(geeignet, wenn du stark übergewichtig bist und lange nicht sportlich aktiv warst)

- **Woche 1:** 3-mal 10 Minuten bei 50 bis 60 Prozent der MHF
- **Woche 2:** 3-mal 15 Minuten bei 50 bis 60 Prozent der MHF
- **Woche 3:** 3-mal 20 Minuten bei 60 bis 70 Prozent der MHF
- **Woche 4:** 3-mal 25 Minuten bei 60 bis 70 Prozent der MHF

Und für Fortgeschrittene:
(geeignet, wenn du leichtes Übergewicht hast und dich im Alltag viel bewegst)

- **Woche 1:** 3- bis 4 mal 20 Minuten bei 60 bis 70 Prozent der MHF
- **Woche 2:** 3- bis 4 mal 25 Minuten bei 60 bis 70 Prozent der MHF
- **Woche 3:** 3- bis 4 mal 30 Minuten bei 60 bis 70 Prozent der MHF
- **Woche 4:** 3-mal 35 Minuten bei 60 bis 70 Prozent der MHF

Hier einige Grundregeln:

- Beginne mit mäßigem Tempo und steigere dich langsam.
- Beende das Training nicht abrupt, sondern ganz allmählich, bis dein Puls wieder im Normalbereich ist und du nicht mehr außer Atem bist.
- Dehne nach dem Walken immer die Vorder- und Rückseite der Oberschenkel und Waden (siehe Übungen ab Seite 69).

Nordic Walking

Viele meiner Kunden haben zu Anfang eine negative Einstellung zum Nordic Walking. Sie meinen, dass es doof aussähe, nur was für alte Menschen sei und überhaupt nicht anstrengend sein soll. Nachdem sie mit mir die erste Stunde hinter sich haben, sind alle Einwände vergessen. Wichtig ist, dass man die richtige Technik beherrscht, deshalb ist es am Anfang wichtig, dass du Nordic Walking in einer Gruppe oder bei einem Personal Trainer richtig erlernst. Wenn du das nicht magst, kannst du versuchen, dir die Technik mit Büchern und DVDs anzueignen. Versuch es! Wenn es klappt, super. Klappt es nicht, gib nicht auf, sondern such dir Hilfe!

Radfahren

Radfahren ist eine Ausdauersportart, die sehr gelenkschonend ist und den Gleichgewichtssinn super trainiert. Gerade heute ist dies sehr wichtig, denn schon Kinder haben damit Probleme! In meiner Arbeit muss ich immer wieder feststellen, dass es vielen Schwierigkeiten bereitet, zum Beispiel auf einem Bein zu stehen.

Bevor du loslegst, achte bitte auf Folgendes: Dein Sattel sollte genau an deine Körpergröße angepasst sein, das heißt: Wenn du auf dem Rad sitzt, erreichst du bequem den Lenker. Der Lenker ist höher als der Sattel eingestellt. Wenn dein Fuß am tiefsten Punkt der Pedale ist, darf dein Knie nicht ganz durchgestreckt, sondern es sollte leicht

Nordic Walking – die Technik macht's!

- Übertreibe am Anfang nicht, beginne in moderatem Tempo.
- Halte beim Aufsetzen der Fersen immer die Knie leicht gebeugt.
- Stelle dir vor, dass unter deiner Sohle immer noch das Preisschild klebt. Jedes Mal, wenn du die Ferse deines vorderen Beines auf den Boden setzt, sollten es Leute, die vor dir stehen, erkennen können! Dann roll deine Füße immer über die gesamte Sohle ab.
- Winkle deine Arme im 90-Grad-Winkel an und schwinge sie seitlich neben dem Körper aktiv mit. Bewege die Arme immer gegengleich, das heißt: rechtes Bein vorn, linker Arm vorn und umgekehrt.
- Deine Schultern sind locker und entspannt. Die Schulterblätter ziehst du in Richtung Hosentaschen.
- Atme durch die Nase ein und mache den Brustkorb weit dabei. Atme dann durch den Mund aus und »schließe« deinen Brustkorb (siehe auch Kasten Seite 77).
- Schaue nie direkt auf den Boden, sondern drei bis vier Meter nach vorn, so kannst du möglichen Hindernissen oder anderen Personen rechtzeitig ausweichen.
- Wenn du immer ein leichtes Lächeln im Gesicht hast, vermittelt das dir ein positives, angenehmes Gefühl.
- Nach dem Walken gönne dir stets eine kleine Dehneinheit.

gebeugt sein. Die Sitzhöhe ist optimal eingestellt, wenn du beim Anhalten den Boden mit den Zehenspitzen berühren kannst. Lass dir bei der Auswahl deines Fahrrads von keinem reinreden. In meinem Bekanntenkreis fahren alle sehr sportliche Räder. Früher dachte ich, dass ich mir jetzt auch ein sportliches Rad kaufen muss. Heute weiß ich, dass ich am liebsten mit einem einfachen Hollandrad fahre. Sieht zwar nicht so cool aus, aber das ist mir mittlerweile egal. Wichtig ist mir, dass ich Spaß daran habe. Und ich fahre nicht gern stundenlang in gebückter Haltung. Auf einem Hollandrad kann ich schön gerade sitzen und habe einen bequemen Sattel. So kann ich stundenlang fahren! Such dir dein Fahrrad nach deinen Bedürfnissen aus. Magst du es sportlich? Fährst du gern im Wald oder lieber auf der Straße? Nachdem du für dich geklärt hast, welche Anforderungen du an dein Rad hast, lass dich am besten in einem guten Fahrradgeschäft beraten.

Die richtige Technik

Achte darauf, dass du beim Radfahren möglichst aufrecht sitzt. Schieb die Schulterblätter hinunter zu den Hosentaschen. Mach deinen Nacken lang, indem du dir vorstellst, dass dein Kopf ganz leicht und locker ist. Das Kinn ziehst du leicht in Richtung Brustbein, den Bauchnabel nach innen in Richtung Wirbelsäule. Mach deinen Rücken und deinen Bauch lang. Gib jedem einzelnen Wirbel deiner Wirbelsäule genug Platz. Wenn es anstrengend wird, schalte lieber einen Gang zurück. Du musst dann zwar mehr treten, schonst so aber deine Knie. Lieber häufiger leicht in die Pedale treten, als weniger und fest! Dein Rad sollte auch Stoßdämpfer haben.

4-Wochen-Einstieg für Radler

Für Anfänger:
(geeignet, wenn du stark übergewichtig bist und dich lange nicht sportlich betätigt hast)

- **Woche 1:** 2-mal 10 Minuten bei 50 bis 60 Prozent der MHF
- **Woche 2:** 3-mal 10 Minuten bei 50 bis 60 Prozent der MHF
- **Woche 3:** 3-mal 15 Minuten bei 50 bis 60 Prozent der MHF
- **Woche 4:** 3-mal 20 Minuten bei 50 bis 60 Prozent der MHF

Und für Fortgeschrittene:
(geeignet, wenn du leichtes Übergewicht hast und dich im Alltag viel bewegst)

- **Woche 1:** 3-mal 20 Minuten bei 60 bis 70 Prozent der MHF
- **Woche 2:** 3-mal 25 Minuten bei 60 bis 70 Prozent der MHF
- **Woche 3:** 3-mal 30 Minuten bei 60 bis 70 Prozent der MHF
- **Woche 4:** 3-mal 35 Minuten bei 60 bis 70 Prozent der MHF

Auch gut: Schwimmen

Gerade bei starkem Übergewicht sollte die Ausdauer langsam und systematisch aufgebaut werden. Besonders gut eignet sich hierfür das Schwimmen (siehe auch auf der hinteren Klappe des Buches). Zudem ist Schwimmen sehr gelenkschonend. Darauf sollte besonders bei Übergewicht geachtet werden.

Einfache Ernährungsziele

Ich weiß selbst nur zu genau, wie schwer es fällt, alte Essgewohnheiten zu ändern – Gewohnheit ist eine unglaublich starke Kraft. Aber genau hier ist eine Veränderung dringend notwendig! Denn einige deiner Gewohnheiten haben dich gerade in die Situation gebracht, aus der du jetzt unbedingt raus willst.
Mir ist es wichtig, dass du dich dafür öffnest und bereit bist, einige dieser Gewohnheiten zu ändern. Aus diesem Grund habe ich mich auf die Aspekte des Essverhaltens beschränkt, die beim Abnehmen wirklich eine große Rolle spielen. Es geht dabei um Gewohnheiten, die recht einfach zu ändern sind. Du wirst es sehen: Wir gehen das gemeinsam an! Und diese Veränderungen werden dich auf deinem Weg tatsächlich voranbringen!

Wichtig ist, was drin ist

Bei den meisten Ernährungsprogrammen geht es darum, das Essverhalten so umzustellen, dass man von bestimmten Nahrungsbestandteilen mehr aufnimmt und von anderen weniger. Auf diesen Seiten siehst du nochmal auf einen Blick, was grundsätzlich wichtig ist. Ganz nach dem Motto: Je einfacher erklärt, umso leichter umsetzbar!

Ja oder nein zu Kohlenhydraten?

Es gibt zwei unterschiedliche Arten von Kohlenhydraten: erstens die komplexen, auch gesunde, langsame Kohlenhydrate genannt. Diese sind in Vollkornprodukten wie Pumpernickel, Müsliflocken, Körnern und diversen Vollkornbroten sowie in wasserreichem Obst und Gemüse enthalten. Und es gibt die einfachen Kohlenhydrate, auch schnelle, ungesunde Kohlenhydrate genannt. Diese finden sich hauptsächlich in Zucker und Weißmehlprodukten, gekochten Kartoffeln und geschältem Reis. Auch Traubenzucker aus Obst und Haushaltszucker in flüssiger Form, wie in Limonaden und Säften, enthalten diese »schlechten« Kohlenhydrate.

Und wie sieht es mit Eiweiß aus?

Eiweiß ist ein lebensnotweniger Baustein. Körperbestandteile wie Muskeln, Organe, Haut, Hormone, Enzyme, Blut bestehen aus Eiweiß. Unser Körper ist abhängig von der täglich Zufuhr von Eiweiß, da es verantwortlich für viele wichtige Prozesse im Körper ist. Verschiedene Eiweiße sorgen für die Erhaltung unterschiedlichster Körperfunktionen, machen verschiedene Stoffwechselprozesse erst möglich und wirken im Hormonhaushalt als Botenstoffe. Auch für den Abbau von Körperfett ist eine eiweißreiche Ernährungsweise günstig, da sie den Stoffwechsel anregt, den Fettabbau erleichtert und den Appetit hemmt.
Ein Eiweißmangel dagegen kann über kurz oder lang dazu führen, dass der Körper seine eigenen Eiweißreserven anknabbert. Die Folge: Muskulatur wird abgebaut! Tierisches Eiweiß ist in Fleisch, Fisch und Milchprodukten enthalten. Pflanzliches Eiweiß findet sich zum Beispiel in Hülsenfrüchten (siehe Kasten links).

» Diäten bringen tatsächlich etwas. Leider meist nicht das, was wir uns erhoffen. «

Das Eiweiß-Plus

Und das sind besonders eiweißreiche Lebensmittel: Sojabohnen (Tofu), verschiedene andere Hülsenfrüchte, Sonnenblumenkerne, Erdnüsse, Putenbrust, Hartkäse, Hähnchenbrust, Schweinefleisch (Muskelfleisch), Wild, Rindfleisch (Muskelfleisch), Kalbfleisch (Muskelfleisch), Lammfleisch (Muskelfleisch), Bohnen (getrocknet), Krabben, Süßwasserfisch, Seefisch, Frischkäse, Hühnerei, Roggenflocken, Weizen, Hafer, Gerste, Reis, Weizenkeime.

Nur noch »richtige« Mahlzeiten

Die Aussage, dass die Aufnahme vieler kleiner Zwischenmahlzeiten über den Tag verteilt gesund sei, ist mittlerweile überholt. Wenn du morgens ausreichend Vollkornprodukte gefrühstückt hast, hält dich dein Frühstück länger satt und du kannst spielend auf eine Zwischenmahlzeit verzichten. Mir hat es beim Abnehmen sehr geholfen, drei richtige Mahlzeiten täglich zu mir zu nehmen und jedes »Zwischendurch« von meinem Ernährungsplan zu streichen. Ich habe mich daran gehalten und kam nicht

mehr in die Versuchung, wieder irgendwann irgendwas zu essen. Wenn ich bedenke, wie viel ich früher allein in Form diverser Snacks zu mir genommen habe! Manchmal habe ich allein bei diesen Zwischenmahlzeiten mehr gegessen, als ich täglich insgesamt essen sollte. Auch im Kontakt mit meinen Kunden fällt mir oft auf, dass viele die Kalorienzahl ihrer Zwischenmahlzeit unterschätzen (siehe auch Seite 40). Da mal ein Rosinenbrötchen, hier mal eine Tasse Kakao, dort ein Schokoriegel, dann einen kleinen Pudding und das leckere Stück Kuchen ...
Mir ging es ja selbst nicht anders: Oft hat bei mir eine »kleine« Zwischenmahlzeit dazu geführt, dass ich mit dem Essen nicht mehr aufhörte. Komischerweise hatte ich nämlich auf diese Weise immer mehr Hunger und fühlte mich schließlich oft schlapp und kraftlos. Kein Wunder: Physiologisch gesehen wirken sich viele kleine Mahlzeiten beim Abnehmen negativ aus. Gerade bei »Snacks« mit einfachen Kohlenhydraten wie Zucker und Weißmehl, die den Blutzuckerspiegel schnell ansteigen lassen, spielt man mit seinem Stoffwechsel praktisch ein sehr ungesundes Ping-Pong …

Abnehmen ohne Hunger – mit dem abendlichen Eiweiß-Kick

Ein Abnehmtrick, der super funktioniert: Als ich damit anfing, abends keine Kohlenhydrate mehr zu essen, dafür aber reichlich Eiweiß, konnte ich quasi zusehen, wie sich mein Gewicht reduzierte. Ich musste nicht hungern und konnte, das war und ist mir immer wichtig, satt ins Bett gehen. Bei meinen anderen Versuchen, Gewicht zu reduzieren, lag ich oft abends noch lange wach, denn ich konnte vor lauter Hunger nicht einschlafen. Jetzt esse ich abends reichlich Eiweiß mit viel Gemüse und habe nicht das Gefühl, dass ich in großem Stil auf etwas verzichten muss.

- **Verzicht auf Kohlenhydrate hilft aus folgendem Grund beim Abnehmen:**
Wenn es abends keine Kohlenhydrate gibt, führt das dazu, dass die Bauchspeicheldrüse kein Insulin produzieren muss. Sie kann quasi im Schlaf ausruhen. In dieser Situation holt sich der Körper seine Energie direkt aus den Fettzellen und kurbelt anhand verschiedener Hormone die Fettverbrennung an. Die positive Konsequenz davon: Du nimmst ab.
- **Eiweiß hilft aus verschiedenen Gründen beim Abnehmen:**
Eiweiß hilft, Muskelmasse aufzubauen. Das sorgt auch dafür, dass Abnehmerfolge erhalten bleiben. Eiweiße machen besonders gut und länger satt und verhindert Heißhunger. Eiweiße sorgen außerdem dafür, dass der Kalorienverbrauch des Körpers während der Gewichtsreduktion konstant bleibt.

Silkes Tipp

Ein Shake als Verwandlungskünstler!

Wenn du in deinem Morgen-Shake (siehe rechts) keine Nüsse magst, kannst du darauf verzichten – mir schmeckt es besser mit Nüssen, ich bin ein Nussfan!
Eine weitere leckere Alternative: Falls mal Heißhunger auftritt, einfach ein kleines Stück dunkle Schokolade (80 Prozent Kakaoanteil) in den Shake mixen, das schmeckt und bändigt den Heißhunger!
Im Sommer kannst du den Shake auffrischen, indem du ihn mit ein paar Eiswürfeln mixt.

Das perfekte Frühstück

Guten Morgen – mit diesen Frühstücksideen startest du in einen wunderbar gesunden Tag!

Morgen-Shake

Zutaten für 2 Portionen (Vorrat für 2 Tage)

250 g frische oder gefrorene Beeren • 1 TL Leinöl • 1 Pampelmuse • Saft einer Zitrone • 2 EL Weizenkleie • 600 ml Sojamilch (ohne Zucker) • 1 Orange • etwas Zimt • nach Bedarf Nüsse

Zubereitung

- Beeren, Leinöl, Pampelmuse, Orange und Zitronensaft im Mixer mixen.
- Diese Flüssigkeit ist die Grundsubstanz. Teile sie in zwei Portionen: Eine verwendest du sofort, die andere kannst du in den Kühlschrank stellen.
- Die Grundsubstanz wieder in den Mixer und mit 1 EL Weizenkleie und 300 ml Sojamilch mischen. Alles gut mixen und zum Schluss nach Belieben Nüsse dazu geben und wieder mixen. Alles in ein großes Glas geben und bei Bedarf noch Zimt darüber streuen.

Brombeer-Shake

Zutaten für 2 Portionen

200 g Brombeeren • 200 g Erdbeeren (jeweils frisch oder gefroren) • 1 EL Honig • 300 ml Molke

Zubereitung:

- Frische Früchte säubern und entstielen. Früchte und Honig mit dem Pürierstab cremig schlagen.
- Die Molke dazugeben und nochmals kräftig mit dem Zauberstab cremig schlagen.
- In zwei hohe Gläser geben und servieren.

Lecker und gesund: Mit solch einem Shake kommen sicher erst einmal keine Gelüste auf ungesunde Süßigkeiten auf!

Vollkornbrot mit Avocadoquark

Zutaten für 2 Portionen

1 reife Avocado • 1 kleine Tomate • 1 Knoblauchzehe • 150 g Quark • 1 EL Milch • 1 TL Balsamico-Essig • Salz, Pfeffer • 1 Frühlingszwiebel • 2 Scheiben Vollkornbrot

Zubereitung

- Die Avocado halbieren, entsteinen und mit einem Löffel das Fruchtfleisch entnehmen. Die Tomate klein würfeln, den Knoblauch schälen.
- Das Fruchtfleisch der Avocado, die Tomatenwürfel, und den Knoblauch mit Balsamico-Essig, Quark und Milch in einen hohen Rührbecher geben und mit einem Stabmixer fein pürieren. Anschließend mit Salz und Pfeffer abschmecken.
- Die kleingeschnittene Frühlingszwiebel unterrühren und den Avocadoquark auf dem Vollkornbrot verteilen.

Ein nahrhafter Klassiker: Rührei mit Champignons.

Rühreivollkornbrötchen mit frischen Champignons

Zutaten für 2 Portionen

300 g Champignons • 3 Eier • 5 TL fettarmer Frischkäse • Salz, Pfeffer • 1 TL Olivenöl • TL gehackte Petersilie • 1 Vollkornbrötchen • 1 TL Margarine

Zubereitung

▸ Die Champignons waschen und in kleine Stücke schneiden. Die Eier mit dem Frischkäse verrühren, mit Salz und Pfeffer abschmecken.

▸ Nun das Öl in der Pfanne erhitzen, die Pilze etwa 2 Minuten darin schwenken. Ei und Frischkäse darüber gießen, die Petersilie darüber streuen und alles bei schwacher Hitze unter Rühren stocken lassen.

▸ Das Brötchen halbieren, mit Margarine bestreichen und mit dem Rührei servieren.

Mittags gesund schlemmen

Vollkorn-Tortiglione mit Paprika-Pesto

Zutaten für 4 Portionen

4 rote Paprikaschoten • 40 g geriebener frischer Parmesan • Salz, schwarzer Pfeffer aus der Mühle 1 Prise Zucker • 2 EL Balsamico-Essig • Nach Belieben einige Spritzer Tabasco • 500 g Vollkorn-Tortiglioni (Röhrennudeln) • 2 Knoblauchzehen • 3 kleine Zucchini • 2 EL Olivenöl • 4 EL Pinienkerne • 1 Töpfchen Basilikum

Zubereitung

▸ Um die Paprikaschoten zu häuten, heizt du den Backofen auf 250 °C (Umluft 220 °C) vor. Inzwischen die Paprikaschoten waschen, abreiben, halbieren, die weißen Trennhäute und die Kerne entfernen und mit der Schnittfläche nach unten direkt auf ein Backblech setzen. Die Paprika 20 Minuten im Backofen grillen, bis deren Haut blasig wird, die Oberfläche darf ruhig ein wenig verbrannt aussehen.

▸ Die Paprikaschoten aus dem Ofen nehmen, sofort mit einem klatschnassen sauberen Küchentuch bedecken und abkühlen lassen. Mit einem scharfen Küchenmesser die abgeplatzte Haut von den Schoten ziehen und das Paprikafruchtfleisch in ein hohes Püriergefäß geben.

▸ Die Hälfte von dem geriebenen Parmesan, Salz, Pfeffer und Zucker zu den Paprikas geben. Alles mit dem Pürierstab oder im Mixer zu einer sämigen Masse verarbeiten. Mit Balsamico-Essig und Tabasco abschmecken.

▸ Nudeln in reichlich sprudelndem Salzwasser nach Packungsanweisung kochen.

▸ Den Knoblauch pellen und im Mörser mit Salz und Öl zerkleinern. Die Zucchini waschen und in Stifte schneiden. Öl in einer Pfanne erhitzen.

► Nun Zucchinistifte, Knoblauch und Pinienkerne einige Minuten in der Pfanne anrösten.

► Basilikumblättchen abzupfen, abspülen und in Streifen schneiden. Die Nudeln abgießen, mit dem Paprikapesto, den gebratenen Zucchini, Parmesan und Basilikumstreifen anrichten.

Ratatouille mit Lachsfilet

Zutaten für 4 Portionen

1 kleine Zucchini • 2 orange und 1 gelbe Paprika • 200 g Champignons • 1 Frühlingszwiebel • 2 Knoblauchzehen • 1 TL Thymianblättchen • 2 EL Olivenöl • 1 aufgetautes Lachsfilet (250 g) • 1 Paket Tomatenpüree (Tetra) • 1 Handvoll Basilikumblättchen • grober Pfeffer, Salz

Auch ein Ratatouille sorgt für gesunde Abwechslung auf dem Teller.

Zubereitung

► Die Zucchini waagerecht halbieren und in Scheiben schneiden. Die 3 Paprika würfeln. Champignons säubern, Frühlingszwiebeln in feine Ringe zerteilen, Knoblauch zerdrücken und Thymianblättchen abzupfen.

► Die genannten Zutaten in Olivenöl etwa 5 Minuten bei mittlerer Hitze braten.

► Fisch in mundgerechte Häppchen schneiden und zum Gemüse geben. Mit Tomatenpüree ablöschen und 5 Minuten auf kleiner Flamme garen. Basilikum darüber streuen, mit Pfeffer und Salz würzen. Alles abkühlen lassen.

► Das Ratatouille kannst du mit Vollkornspaghetti servieren.

Fischpfanne

Zutaten für 4 Portionen

600 g Fischfilet (Rotbarsch oder Seehecht) • Saft einer Zitrone • 200 g Möhren • 2 kleine Stangen Lauch • 100 g Champignons • 1 EL Sonnenblumenöl • 300 ml Gemüsebrühe • 2 EL Tomatenmark • Salz, Pfeffer, Dill

Zubereitung

► Den Fisch mit Zitrone beträufeln und in Stücke schneiden.

► Das ganze Gemüse putzen und in kleine Stücke schneiden.

► Nun das Öl in der Pfanne erhitzen und das Gemüse darin anschwitzen. Dann mit Brühe und Tomatenmark aufgießen und garen lassen.

► Zum Schluss den Fisch hinzufügen und alles gar werden lassen.

► Dazu passt Vollkornreis.

Hähnchen-Gemüsepfanne

Zutaten für 4 Portionen

600 g Geflügel (Hähnchen) • 3 Zucchini, 1 mittelgroße Aubergine • 3 Frühlingszwiebeln • 2 rote und 1 gelbe Paprikaschote • 3 Zwiebeln • 2 Knoblauchzehen • 3 EL Rapsöl • Salz, Pfeffer, rotes Paprikapulver

Zubereitung

▸ Das Hähnchenfleisch waschen und in kleine Streifen schneiden.
▸ Zucchini, Aubergine, Frühlingszwiebeln und Paprika waschen und würfeln. Den Knoblauch mit Öl und Salz im Mörser zerkleinern.
▸ Das Gemüse mit Öl anbraten. In einer anderen Pfanne das Fleisch anbraten und mit Salz, Pfeffer und Paprikapulver abschmecken.
▸ Zum Schluss alles zusammen in einer Pfanne noch mal mischen und dann servieren.
▸ Dazu schmeckt frisches Vollkornbrot, aber auch Vollkornnudeln oder Vollkornreis.

Silkes Tipp

Die wandelbare Suppe

Die Gemüsesuppe kannst du sehr vielseitig variieren: Es können alle Gemüsesorten ausgetauscht werden, probiere doch mal Paprika, Sellerie, Stangenbohnen, Lauch und Blumenkohl zu verwenden! Magst du es ein wenig asiatisch? Dann verwende doch die Gewürze Curry und Ingwer um deiner Suppe einen fernöstlichen Geschmack zu verleihen.

Leckerer Abschluss am Abend

Auf dieses Abendessen kannst du dich freuen! Genieße ohne Reue …

Gemüsesuppe satt – essen, so viel man möchte

Zutaten für 1 Portion

4 Karotten, 3 Zucchini, 1 Aubergine, etwas Brokkoli • 1 große Zwiebel • 1 Dose Tomaten • 400 ml Instant Gemüsebrühe (3 TL Pulver) • Salz, Pfeffer, Chilisauce, Saft von 2 gepressten Knoblauchzehen

Zubereitung

▸ Karotten, Zucchini, Aubergine und Brokkoli würfeln. Die Zwiebeln mit etwas Öl anbraten, die Gemüsewürfel und die ebenfalls zerkleinerten Dosentomaten hinzufügen.
▸ Die Brühe aufgießen, alles 20 Minuten bei mittlerer Hitze garen und mit Salz, Pfeffer, Chilisauce und Knoblauch abschmecken.

Tomaten-Mozzarella-Spießchen

Zutaten für 1 Portion

100 g Cocktailtomaten • 100 g Gurke (am besten Mini-Gurken) • 100 g Mini-Mozzarella-Kugeln • Basilikumblätter, Salz, Pfeffer • 1 Pumpernickeltaler

Zubereitung:

▸ Die Cocktailtomaten waschen und die Gurken schälen. Kleine Gurken quer in Scheiben schneiden, große vorher längs halbieren oder vierteln. Basilikum waschen und trocknen.
▸ Die Cocktailtomaten, Gurkenscheibchen, Mozzarella-Kugeln und Basilikumblätter auf

Mit diesen bunten und gesunden Spießchen kann man sogar auf Partys punkten!

Holzspieße stecken. Die Spießchen anrichten, nach Belieben mit Salz und Pfeffer würzen.

▸ Dazu passen Pumpernickeltaler.

Lammspieße mit Tsatsiki

Zutaten für 4 Portionen

Für die Spieße: 1000 g mageres Lammfleisch • 2 grüne und 2 rote Paprikaschoten • 2 Knoblauchzehen • Saft von 2 Zitronen • Rapsöl • 3 TL Oregano, 3 Lorbeerblätter, Salz, Pfeffer

Für das Tsatsiki: 1 Salatgurke • 3 Knoblauchzehen, etwas Olivenöl, Salz • 400 g Joghurt (3,5 Fett) • 2 EL feingehackter Dill, 1 EL feingehackte Minze, frische schwarze Oliven

Zubereitung

▸ Das Fleisch in kaltem Wasser waschen, trocken tupfen und in 2 bis 3 cm große Würfel schneiden. Paprika waschen, halbieren, Kerne und weiße Trennwände entfernen, kleinschneiden.

▸ Die Fleischstücke mit den Paprikastücken abwechselnd auf Holzspießchen stecken, auf jedes Spießchen kommen drei Stück Fleisch und drei Stück Paprika.

▸ Den Knoblauch schälen, Zitronen auspressen. Knoblauch, Zitronensaft, Rapsöl, Oregano, Lorbeerblätter, Salz und Pfeffer in den Mörser geben und zu einer Marinade verarbeiten.

▸ Die Spieße in diese Marinade legen, zudecken und etwas ziehen lassen.

▸ Für den Tsatsiki die Salatgurke waschen und grob raspeln, den Knoblauch abziehen und im Mörser mit Olivenöl und Salz verarbeiten. Die geraspelte Gurke unter den Joghurt heben, mit der Knoblauchcreme, dem Dill und der Minze verrühren. Eventuell mit Pfeffer und Salz abschmecken und gut durchziehen lassen.

▸ Die Fleischspieße aus der Marinade nehmen und von allen Seiten etwa 6 bis10 Minuten lang grillen. Mit dem Tsatsiki und Oliven servieren.

Rindersteak mit Zucchinigemüse

Zutaten für 4 Portionen

6 kleine Zucchini • 2 Knoblauchzehen, Salz, Pfeffer aus der Mühle • 2 EL Olivenöl • 200 ml Gemüsebrühe • 4 EL saure Sanne • 4 kleine Rindersteaks (jeweils 150 g)

Zubereitung

▸ Die Zucchini waschen und in Scheiben schneiden, Knoblauch schälen und im Mörser mit Salz und Öl zerkleinern.

▸ 1 EL Öl in einer Pfanne erhitzen, die Zucchinischeiben darin unter gelegentlichem Rühren 3 Minuten anbraten, mit Knoblauch und Pfeffer abschmecken. Auf kleinerer Flamme weiter kochen lassen, Brühe dazugeben. Zucchini zugedeckt kurz köcheln lassen, bis sie gerade weich sind. Jetzt die saure Sahne unterrühren.

▸ Filets waschen, trocknen und im restlichen Öl in einer anderen Pfanne erhitzen. Auf jeder Seite 3 Minuten braten, mit Salz und Pfeffer würzen.

▸ Gemüse und Steaks auf Tellern anrichten.

Fitness-Check: Bist du bereit für Stufe 3?

Bevor du jetzt mit der Stufe 3 beginnst, solltest du dir sicher sein, dass du fit genug dafür bist. Du solltest deinem Körper nur so viel zumuten, wie er auch leisten kann. Nur so kannst du sicher sein, dass du dich nicht überforderst, Verletzungen vermeidest und somit motiviert am Ball bleibst.
Mit dem folgenden Fitness-Check testest du auf ganz einfache Weise deine Ausdauer, deine Kraft und deine Beweglichkeit. Nach diesem Fitness-Check weißt du, ob du schon bereit für Stufe 3 bist oder ob du noch etwas trainieren musst.
Wie steht es jetzt wirklich mit deiner Ausdauer, wie viel kräftiger bist du geworden und wie viel Beweglichkeit hast du bis jetzt erreicht? Es ist Zeit, deinen Trainingszustand zu ermitteln. Ich drück dir ganz fest die Daumen!

Wie steht es mit deiner Ausdauer?

Wie trainiert dein Herz-Kreislauf-System ist, sagt dir dein Puls: Indem du deinen Erholungspuls ermittelst, kannst du feststellen, wie gut deine Ausdauer ist. Der Erholungspuls zeigt, wie schnell sich dein Herz nach einer sportlichen Anstrengung wieder erholt. Der Erholungspuls wird eine Minute nach der sportlichen Belastung gemessen (siehe Seite 91).
Dieser Wert wird zwar durchaus durch einige individuelle Faktoren beeinflusst, etwa durch Geschlecht, Alter oder auch emotionale Einflüsse sowie durch deine aktuelle Tagesform, aber für eine grundsätzliche Einschätzung deiner Ausdauer ist er völlig ausreichend.

So ermittelst du deinen Erholungspuls

Gibt es bei dir zu Hause Treppen? Dann steige sie drei Minuten in zügigem Tempo rauf und runter. Wenn du keine Treppen zur Verfügung hast, brauchst du eine Treppenstufe oder eine stabile, rutschfeste Kiste, die etwa 20 bis 25 Zentimeter hoch ist. Steige dann drei Minuten in zügigem Tempo abwechselnd auf und ab: Du stellst dein linkes Bein hoch, rechtes Bein hoch, rechtes Bein runter, linkes Bein runter … und wieder von vorn! Die Arme nimmst du locker mit.
Achtung: Wenn dir dabei übel wird oder du dich nicht wohl fühlst, beende diesen Test bitte sofort!
Nach den drei Minuten legst du eine Pause von ungefähr einer Minute ein und ermittelst deine Pulsschläge pro Minute: Das ist dein Erholungspuls.
Je fitter du bist, um so schneller normalisiert sich dein Puls nach einer körperlichen Anstrengung wieder.

Wie steht es mit deiner Kraft?

Und hast du genügend Kraft für den nächsten Schritt? Es ist wichtig, dass du das herausfindest. Für deinen weiteren Weg brauchst du eine gewisse Fitness, da du dich sonst bei den Kraftübungen von Stufe 3 schnell überanstrengst, die Übungen nicht richtig ausführen kannst und dadurch schnell die Motivation verlieren kannst. Das will ich aber auf keinen Fall. Deshalb ist es wichtig, dass du deine Kraft testest. Nach diesem Test kannst du dann selbst einschätzen, ob du genügend Power für Stufe 3 hast oder noch eine Zeit in Stufe 2 deine Kraft aufbauen musst. Bevor du deine Muskelfitness testest, solltest du dich etwas aufwärmen. Bewege dazu flott deine Arme und Beine drei Minuten lang, indem du zügig auf der Stelle marschierst, vielleicht auch zu einer Musik, die du magst.

Testergebnis und -auswertung

	Erholungspuls	Zustand
1	Über 130/min	schlecht
2	130–120/min	ausreichend
3	120–115/min	befriedigend
4	115–105/min	gut
5	105–100/min	sehr gut

1 2 Wenn du dich im ersten und zweiten Bereich befindest, bist du noch nicht bereit für Stufe 3 und solltest weiter deine Ausdauer trainieren und etwas für dein Herz-Kreislauf-System tun. Dein Herz braucht noch Training (siehe ab Seite 90). Wiederhole diesen Test in regelmäßigen Abständen. Freu dich über jede Verbesserung und mach weiter so!
3 Du hast schon eine Verbesserung erreicht und liegst genau im Mittelfeld. Verbessere weiter deine Ausdauer (siehe ab Seite 90) und teste sie in 2 bis 3 Wochen erneut.
4 Toll, du bist gut in Form und hast schon einiges erreicht. In puncto Ausdauer bist du bereit für Stufe 3.
5 Gratulation, deine Ausdauer ist in top Form. So wie du in Form bist, bist du schon länger bereit für Stufe 3. Viel Spaß!

1 Krafttest für den Unterkörper: die Wand-Kniebeuge

► Du stehst aufrecht mit dem Rücken an einer Wand. Gleite nun an der Wand entlang nach unten, bis deine Oberschenkel parallel zum Boden sind. Halte die Position so lange du kannst.

► Falls du noch nicht ganz so weit nach unten gleiten kannst, versuche es einfach so weit, wie es klappt.

Testergebnis

Zeit	Zustand
› 90 Sek.	sehr gut
60 Sek.	gut
59 – 31	befriedigend
30 Sek.	ausreichend
‹ 30 Sek.	schlecht

2 Krafttest für den Po

► Du liegst in Rückenlage, deine Beine sind angewinkelt, die Füße sind hüftbreit geöffnet aufgestellt, deine Arme liegen ausgestreckt neben dem Körper.

► Hebe dein Becken langsam so weit an, dass Oberkörper und Oberschenkel eine Linie bilden. Rolle den Körper Wirbel für Wirbel nach oben. Diese Übung ähnelt einer einfachen Version der Shoulder Bridge (siehe Seite 83).

► Senke danach dein Becken langsam wieder ab und wiederhole diese Übung, so oft du kannst.

Testergebnis

Anzahl	Zustand
› 20	sehr gut
16 – 20	gut
11 – 15	befriedigend
6 – 10	ausreichend
‹ 5	schlecht

3 Krafttest für den Rücken

▸ Du liegst auf dem Bauch, die Beine sind gestreckt und hüftbreit geöffnet. Lege deine Stirn auf die Hände, spanne Beine und Po an und ziehe den Bauchnabel in Richtung Wirbelsäule.

▸ Nun hebst du deinen Oberkörper, die Arme und den Kopf langsam etwa 30 Zentimeter hoch vom Boden ab. Gleichzeitig spannst du die Beinmuskeln und hebst auch die Beine leicht. Dann senkst du den Körper wieder zurück in die Bauchlage.

▸ Wiederhole das so oft, wie es deine Kraft zulässt.

▸ Achtung: Höre bitte sofort auf, wenn du Schmerzen im Rücken verspürst!

Testergebnis

Anzahl	Zustand
› 20	sehr gut
16 – 20	gut
11 – 15	befriedigend
7 – 10	ausreichend
‹ 6	schlecht

4 Krafttest für Arme und Schultern

▸ Begib dich in den Vierfüßlerstand, die Hände befinden sich unter den Schultergelenken, die Knie schiebst du etwas hinter die Hüften.

▸ Jetzt hebst du die Unterschenkel mit überkreuzten Füßen vom Boden weg.

▸ Beuge langsam die Arme und lass deinen Oberkörper langsam in Richtung Boden sinken und wieder zurück.

▸ Wichtig ist, dass dein Rücken während der ganzen Zeit gerade und gestreckt bleibt. Wiederhole die Liegestützbewegung so oft, wie es dir möglich ist.

Testergebnis

Anzahl	Zustand
› 18	sehr gut
11 – 18	gut
8 – 10	befriedigend
5 – 7	ausreichend
‹ 4	schlecht

1 Krafttest für den Bauch

- Du liegst in Rückenlage, deine Beine sind angewinkelt, die Füße hüftbreit aufgestellt. Lege die Hände seitlich an den Kopf, die Ellbogen zeigen nach außen. Zieh deinen Bauchnabel zur Wirbelsäule, die Schulterblätter in Richtung Hosentaschen, der Nacken bleibt entspannt.
- Hebe langsam den Oberkörper an, bis beide Schulterblätter gerade noch den Boden berühren. Wiederhole diese Übung so oft du kannst.
- Wichtig: Hebe deinen Oberkörper langsam an und senke ihn ganz langsam wieder ab. Arbeite ohne Schwung, die Kraft kommt aus dem Bauch.
- Bei Schmerzen im Rücken höre sofort auf.

Testergebnis

Anzahl	Zustand
› 20	sehr gut
16 – 20	gut
10 – 15	befriedigend
5 – 14	ausreichend
‹ 4	schlecht

Testauswertung für den gesamten Krafttest

Ist der Zustand deiner Kraft bei den meisten Einzeltests eher ausreichend bis schlecht gewesen, so trainiere noch 2 bis 3 Wochen deine Kraft mit dem 15-Minuten-Fitnessprogramm ab Seite 60 oder dem Pilates-Programm ab Seite 78. Hast du in den meisten Fällen Ergebnisse zwischen befriedigend und sehr gut erreicht, bis du stark genug für Stufe 3.

Wie steht es mit deiner Beweglichkeit?

Bist du beweglich und flexibel genug für Stufe 3? Du musst nicht so beweglich wie eine Ballerina sein, solltest aber schon eine gewisse Beweglichkeit besitzen. Das erleichtert dir die Ausführung vieler Übungen der nächsten Stufe.

2 Flexibilität der Oberschenkelrückseite

► Du sitzt mit gestreckten Beinen auf dem Boden. Die Hände liegen auf den Oberschenkeln.
► Du sitzt aufrecht und beugst deinen Oberkörper gerade nach vorn in Richtung Oberschenkel. Gehe so weit mit deinem Oberkörper in Richtung Oberschenkel, wie du kannst. Der Rücken bleibt dabei die ganze Zeit gerade, bitte keinen Buckel machen. Die Knie sind die ganze Zeit durchgestreckt. Wie weit reichst du mit deinen Händen an den Beinen entlang nach unten?

Testergebnis

Übungsergebnis	Zustand
Du berührst mit den Händen ...	
... deine Zehenspitzen	sehr gut
... dein Sprunggelenk	gut
... deine Schienbeine	befriedigend
... deine Knie	ausreichend
... nicht mal die Knie	schlecht

3 Flexibilität der Oberschenkelinnenseite

► Du sitzt mit gestreckten Beinen auf dem Boden. Nun öffnest du die Beine so weit wie möglich. Du solltest keine Schmerzen dabei empfinden, sondern nur eine leichte Dehnung.
► Deine Sitzbeinhöcker haben festen Bodenkontakt, der Rücken bleibt dabei gerade und du gehst nur mit dem Bauch in Richtung Boden. Die Hände stützt du hinter dem Rücken ab.
► Wichtig: Während der ganzen Zeit solltest du mühelos den Rücken gerade lassen, die Knie durchstrecken können und die Zehen in Richtung Körper ziehen.

Testergebnis

Winkel	Zustand
› 90 Grad	sehr gut
90 Grad	gut
› 80 Grad	befriedigend
80 Grad	ausreichend
‹ 80 Grad	schlecht

1 Beweglichkeit des Brustkorbs

▸ Du stehst aufrecht, deine Füße sind hüftbreit geöffnet, dein Oberkörper ist leicht nach vorn geneigt. Deine Knie sind locker, deine Hände fassen sich hinter dem Rücken, du drehst die Schulter zurück und streckst die Arme so weit wie möglich nach oben hinten. Der Rücken und dein Kopf bleiben dabei gerade. Achte darauf, wie groß der Abstand zwischen Händen und Rücken ist.

Testergebnis

Abstand	Zustand
› 40 Zentimeter	sehr gut
‹ 30 Zentimeter	gut bis befriedigend
‹ 10 Zentimeter	schlecht

Testauswertung

Befindest du dich mit deiner Beweglichkeit im Bereich »sehr gut« bis »gut«, bist du auf jeden Fall beweglich genug für Stufe 3.
Sind deine Testergebnisse im Bereich Beweglichkeit eher »befriedigend«, würde ich dir empfehlen, intensiv weiter mit den Dehnübungen aus Stufe 2 zu trainieren. Deine Beweglichkeit reicht aber auch schon für Stufe 3.
Befindest du dich mit deiner Beweglichkeit eher im Bereich »ausreichend« bis »schlecht«, würde ich dir empfehlen, noch 2 bis 3 Wochen verstärkt die Dehnübungen aus Stufe 2 in dein Training zu integrieren. Bist du fleißig genug, dann kannst du danach mit Stufe 3 beginnen. Die Dehnübungen müssen unbedingt weiterhin immer Bestandteil deines Trainings sein.

Bist du insgesamt fit für Stufe 3?

Wenn deine Ergebnisse alle im mittleren Bereich und besser liegen, kannst du jetzt mit Stufe 3 beginnen.
Sind deine Ergebnisse jedoch in einem Bereich schlechter als »befriedigend«, bleibe bitte noch in Stufe 2. Lege deinen Schwerpunkt in den Bereich, in dem du dich noch verbessern möchtest.
Gehe weiter zu Stufe 3, wenn du in allen Bereichen das Ergebnis »befriedigend« oder besser erreicht hast.
Vielleicht bist du frustriert, falls du jetzt noch nicht so fit bist, wie du erhofft hattest. Aber lass dich auf keinen Fall entmutigen, falls du noch eine Zeit lang für den Aufstieg ins nächste Level trainieren musst. Du bist auf dem richtigen Weg! Es ist völlig normal, dass es manchmal etwas langsamer vorwärts geht als man sich das wünscht. Wichtig ist nur, immer weiter dranzubleiben, dann ist der Erfolg sicher.

Ernährungstest: Bist du bereit für Stufe 3?

Wichtig für Stufe 3 ist auch, dass du bezüglich deiner Ernährung fit für Stufe 3 bist. Was hast du bis heute an deiner Ernährung geändert? Bist du sicherer im Umgang mit den richtigen Lebensmitteln, hältst du deine Mahlzeiten ein? Oder hast du das Gefühl, dass du dich immer noch nicht ausgewogen ernährst, oft noch falsch und zu viel isst?
Der Ernährungs-Check auf den folgenden Seiten zeigt dir mit Fragen und Antwortmöglichkeiten, ob du schon anders isst und was du noch ändern kannst.

*» Ich kann **dich** beruhigen: Abzunehmen **heißt nicht**, sich **ständig** etwas zu **verbieten**. Insbesondere nicht, mit schlechtem Gewissen zu **essen** und zwischendurch **mal** an einer Möhre zu **knabbern**. Das **alles** kannst du jetzt **vergessen**! «*

Auswertung zum Ernährungstest auf der nächsten Seite

Zähle bitte die Zahlen, die hinter den von dir angekreuzten Antworten stehen, zusammen.

21 bis 30 Punkte:
Sehr gut, du achtest auf eine ausgewogene und gesunde Ernährung. Dein Essverhalten ist vorbildhaft. Viel Spaß mit Stufe 3. Dort wirst du dein Wissen über Ernährung noch etwas erweitern und vertiefen können.

11 bis 20 Punkte:
Gar nicht schlecht! Du achtest schon auf eine gesundheitsbewusste Ernährung, hast aber noch einige Schwachstellen. Beginne mit Stufe 3, versuche aber trotzdem die Ernährungstipps von Stufe 1 mehr einzubeziehen.

0 bis 10 Punkte:
Deine Ernährungsgewohnheiten sind leider noch nicht sehr ausgewogen und gesundheitsorientiert. Gerade wenn du dein Gewicht reduzieren möchtest, musst du noch einiges ändern. Bitte gehe erneut zu Stufe 1 (ab Seite 30) und lies dieses Kapitel noch einmal sehr aufmerksam durch. Wiederhole diesen Test, wenn du das Gefühl hast, dass sich dein Essverhalten verändert hat. Du schaffst es, es ist nie zu spät!

Teste deine Ernährung

Wie steht es bis jetzt mit deinen Essgewohnheiten? Dieser Ernährungscheck hilft dir, dein Ernährungsverhalten einzuschätzen. Bitte beantworte die folgenden Fragen ganz ehrlich. Die Auswertung findest du auf Seite 111.

1

Hältst du deine drei Mahlzeiten täglich ein?

A ja (2)
B selten (1)
C nie (0)

2

Aus welchen Gründen isst du etwas?

A aus Hunger (2)
C aus Appetit (0)

3

Wie oft isst du frisches Obst und Gemüse?

A Täglich (2)
B 2- bis 5-mal die Woche (1)
C Höchstens 1-mal wöchentlich (0)

4

Wie viel trinkst du täglich (zuckerfreie Getränke)?

A mehr als 2 Liter (2)
B ca 1,5 Liter (1)
C weniger als 1 Liter (0)

5

Wie oft isst du Süßigkeiten (wie Eis, Schokolade, Torten, Pralinen, Weißmehlprodukte) und andere Knabbereien (wie Chips und Co.)?

A täglich (0)
B nie (2)
C 1- bis 2-mal wöchentlich (1)

6

Wie oft trinkst du mehr als eine Portion Alkohol (z. B. 0,5 l Bier oder ¼ l Wein)?

A täglich (0)
B 1- bis 2-mal wöchentlich (1)
C selten (2)

7

Was trinkst du überwiegend?

A Mineralwasser, ungesüßte Tees (2)
B Obst- und Gemüsesäfte (1)
C Getränke wie Limonade und Co. (0)

8

Frühstückst du?

A ja, täglich (2)
B im Allgemeinen schon (1)
C fast nie (0)

9

Wie oft isst du eiweißreiche Nahrungsmittel (z.B. magere Milchprodukte, mageres Fleisch, Fisch, Geflügel, Eier, Hülsenfrüchte, Nüsse)?

A täglich (2)
B 5- bis 6-mal wöchentlich (1)
C < 4-mal wöchentlich (0)

10

Bevorzugst du bei Fetten und Ölen eher die pflanzlichen?

A ja, immer (2)
B meistens (1)
C nie (0)

11

Wie oft isst du Fertigprodukte und Fast Food?

A täglich (0)
B 1- bis 3-mal die Woche (1)
C nie (2)

12

Musst du beim Fernsehen immer etwas naschen?

A nein, nie (2)
B ja, aber selten (1)
C immer (0)

13

Isst du zu Abend noch Kohlenhydrate?

A meistens (0)
B manchmal (1)
C nie (2)

14

Wenn es mittags mal schnell gehen muss, zu was würdest du am liebsten greifen?

A frischer Salat mit Joghurtdressing (2)
B belegtes Brötchen (1)
C Pommes und Bratwurst (0)

15

Bevorzugst du Vollkornprodukte?

A ja, täglich (2)
B im Allgemeinen schon (1)
C nie (0)

Stufe 3: Jetzt kommst du richtig in Form!

Gratulation, du bist schon weit gekommen! Bestimmt spürst du selbst bereits, dass dir Bewegung mehr Spaß macht und du vitaler und beweglicher wirst. Und auch dein Essverhalten hat sich positiv verändert. Also: Auf ins nächste Level!

Das 25-Minuten-Power-Programm

Ich traue dir jetzt schon viel zu, deshalb gibt es in Stufe 3 ein sehr anspruchsvolles 25-Minuten-Power-Fitnessprogramm mit richtig knackigen Übungen für Bauch, Beine, Po, Rücken, Arme und Brust. Die Übungen auf den folgenden Seiten findest du übrigens auch auf der beiliegenden DVD! Das Dehnprogramm ist dasselbe wie beim 15-Minuten-Programm (siehe ab Seite 69) – am Schluss jeder Trainingseinheit gönnst du dir also die bereits bekannten 10 Minuten Stretching.

Für einen flachen Bauch

Ein gut trainierter, muskulöser Bauch ist nicht nur schön anzusehen. Er ist auch die wichtige Basis für eine gesunde Körperhaltung, wirkt dem Hohlkreuz entgegen und verhindert die Schmerzen im unteren Rücken. Starke Bauchmuskeln geben dir Stabilität. Seit ich regelmäßig meine Bauchmuskeln trainiere, merke ich das! Die Übungen für den Bauch stärken die folgenden Muskelgruppen:

- **Gerade Bauchmuskulatur**
Sie sorgt dafür, dass du deinen Oberkörper nach vorn beugen und den vorderen Beckenrand anheben kannst. Sie wirkt dem Hohlkreuz entgegen. Optisch ist sie als angedeuteter »Waschbrettbauch« zu erkennen.
- **Innere und äußere schräge Bauchmuskeln**
Diese Muskulatur ist vor allem gefordert, wenn du dich zur Seite neigst. Sie unterstützt Drehbewegungen des Rumpfes.
- **Quer verlaufende Bauchmuskulatur**
Diese tieferliegende Muskulatur des Bauches wirkt wie ein natürliches »Korsett«, da sie die Bauchdecke flach hält und die Taille formt.

1 Crunches für Fortgeschrittene

Ziel der Übung ist die Kräftigung der unteren und oberen geraden Bauchmuskulatur.

- Begib dich in die Rückenlage und strecke die Beine senkrecht nach oben.
- Ausatmend kippst du das Becken in Richtung Bauchnabel, während du deine Beine weiter anhebst und gleichzeitig Arme und Schultern vom Boden löst.
- Mit jeder weiteren Ausatmung hebst du dein Gesäß so weit wie möglich weiter vom Boden weg, wobei dein Oberkörper sich ebenfalls etwas vom Boden abhebt.
- Oben angekommen berühren sich Finger- und Fußspitzen. Dann legst du Rücken und Po wieder ab. Kopf und Beine berühren während der gesamten Übung nicht den Boden.
- Wiederhole die Aufwärtsbewegung insgesamt 10- bis 12-mal.

Übungstipp Nimm keinen Schwung, sondern hebe ganz langsam Po und Rücken vom Boden und führe sie danach genauso langsam wieder zurück.

2 Schräge Power-Crunches

Mit dieser anspruchsvollen, aber effektiven Übung kräftigst du die innere und äußere schräge Bauchmuskulatur sowie die unteren und oberen geraden Bauchmuskeln.

- Du liegst in Rückenlage, das rechte Bein hebst du nun so weit an, dass es etwa 5 Zentimeter über den Boden ist, das linke streckst du gerade nach oben.
- Hebe nun den Kopf und die Schulterblätter etwas an. Die Schulterblattspitzen berühren gerade noch den Boden. Der Blick ist zur Fußspitze gerichtet, das Kinn zeigt in Richtung Brustbein.
- Berühre ausatmend mit der rechten Hand die Außenseite des linken Fußes. Danach die Seite wechseln: Die linke Hand berührt nun auf die beschriebene Art den rechten Fuß.
- Wiederhole die Bewegung abwechselnd zu jeder Seite 10- bis 12-mal.

Übungstipp Halte immer die Spannung im Bauch – nicht nachlassen! Der Blick bleibt die ganze Zeit auf den Fuß gerichtet.

1 Taillen-Crunches

Mit den Taillen-Crunches tranierst du für eine gut geformte Taille.

► Du liegst in Seitenlage auf der Matte, Schultern und Hüfte sind stabil parallel ausgerichtet und kippen nicht nach vorn oder hinten, die Beine sind leicht angewinkelt.
► Den unteren Arm legst du gerade nach vorn, die Handfläche zeigt nach oben. Deinen Kopf und die Schulter hebst du etwas vom Boden ab und bringst die obere Hand hinter deinen Kopf.
► Jetzt hebst du das obere Bein an und führst langsam den oberen Ellbogen und dein Knie zusammen. Die Kraft kommt aus der seitlichen Rumpfmuskulatur.
► Ausatmend bringst du Becken und Rippen zusammen, einatmend führst du deinen Körper langsam wieder nach unten.
► Wiederhole die Aufwärtsbewegung insgesamt 10- bis 12-mal.

Übungstipp Zieh bei dieser Übung nicht am Kopf, sondern hol dir die Kraft aus der seitlichen Taillenmuskulatur!

2 Seitstütz

Die seitliche und quer verlaufende Bauchmuskulatur wird ebenso gekräftigt wie gerade Bauchmuskeln, Arme, Rücken und Schultern.

► Komm in die Liegestützposition (Brettposition). Der Blick richtet sich auf den Boden. Die Hände befinden sich unterhalb der Schultergelenke, und der gesamte Rücken bildet eine Linie,

die Halswirbelsäule bildet die Verlängerung zum unteren Teil der Wirbelsäule. Zieh den Bauchnabel in Richtung Wirbelsäule und stabilisiere so den Bereich der Lendenwirbelsäule.

- Drehe jetzt deinen ganzen Körper gestreckt in die Seitlage und führe dein linkes Bein über das rechte nach hinten auf den Boden. Gleichzeitig streckst du deinen linken Arm im großen Bogen nach oben, bis die Finger der linken Hand zur Decke zeigen.
- Drück dich aus der rechten Schulter heraus nach oben. Hüfte, Rumpf und Beine bilden eine Linie.
- Halte diese Position 6 Atemzüge lang, danach senkst du den Körper langsam wieder nach unten, wechselst auf die andere Seite und wiederholst den Ablauf.

Anspruchsvollere Variation

- Hebe in dieser Position nun zusätzlich noch das linke (obere) Bein etwas an, so dass deine Beine ein V bilden.

Übungstipp Die Hände befinden sich genau auf einer Linie mit den Schultern. Halte während der gesamten Übung die Körperspannung und schieb dich aus dem Handgelenk heraus weit nach oben.

Beine und Po in Bestform

In unseren Beinen verbergen sich einige der größten und stärksten Muskeln unseres Körpers. Wenn wir schöne, straffe und wohlgeformte Beine haben wollen, müssen wir an folgenden Muskelpartien arbeiten:

- **Pomuskulatur**

Streckt die Hüfte, hilft die Oberschenkel zu drehen und richtet das Becken auf.

- **Beinbeugemuskeln**

Die Muskulatur des hinteren Oberschenkels beugt und dreht den Unterschenkel und hilft bei der Hüftstreckung.

- **Quadrizeps**

Diese Muskeln am vorderen Oberschenkel strecken das Knie, und sind gefordert, wenn die Hüfte gebeugt wird, zum Beispiel beim Laufen und Springen.

- **Adduktoren**

Das sind die Muskeln an der Oberschenkelinnenseite. Sie sind beteiligt, wenn der Oberschenkel angezogen wird, und helfen beim Ausbalancieren des Gleichgewichts.

- **Abduktoren**

Sie sorgen für eine schöne Außenseite der Oberschenkel und ziehen das Bein nach dem Abspreizen in die Ausgangsstellung zurück.

- **Wadenmuskeln**

Diese Muskulatur hebt den inneren Fußrand und stabilisiert den Fuß.

» Bleib stets in Bewegung! Wenn Du immer wieder Alltagssituationen nutzt, um zwischendurch einfache Übungen einzubauen, kannst du wirklich viel für einen knackigen Po und toll geformte Beine tun! «

1 Power-Kniebeuge

Kräftigung von Quadrizeps, Po und Beinbeugemuskulatur.

► Du stehst aufrecht, deine Beine etwas mehr als hüftbreit geöffnet, die Zehen zeigen leicht nach außen. Dein Rumpf ist stabil, die Schulterblätter ziehen in Richtung Hosentaschen, dein Blick ist nach vorn gerichtet.
► Verlagere jetzt dein Körpergewicht auf die Fersen und beuge ausatmend deine Knie, bis deine Oberschenkel eine Parallele zum Boden bilden. Atme ein.
► Mit der nächsten Ausatmung drückst du dich über die Fersen wieder nach oben, der Po bleibt angespannt.
► Absolviere insgesamt 10 bis 12 Kniebeugen.

Übungstipp Deine Kniescheiben zeigen stets in Richtung Fußmitte und bleiben immer hinter den Zehenspitzen. Spanne deine Bauchmuskeln während der ganzen Übung an und gehe nicht ins Hohlkreuz. Verlagere dein Körpergewicht auf die Fersen.

2 Ausfallschritt

Der Ausfallschritt kräftigt die vordere Oberschenkel- und Hüftmuskulatur, Po und Waden.

► Stelle dich aufrecht hin, deine Beine sind schulterbreit geöffnet.
► Mach mit dem linken Bein einen großen Ausfallschritt nach vorn. Die Hände liegen an den Hüften, den Kopf hältst du gerade in Verlängerung zur Halswirbelsäule.
► Löse die rechte Ferse vom Boden und beuge leicht das Knie. Die Fußspitzen zeigen nach vorn.
► Mit der Einatmung senkst du das rechte Knie langsam ab, bis der Unterschenkel fast parallel zum Boden ist. Beuge gleichzeitig das linke Knie

stärker, jedoch nicht weiter als in einem rechten Winkel. Während der ganzen Übung solltest du die linke Fußspitze sehen können. Das Knie befindet sich senkrecht über dem Mittelfuß.
- Ausatmend drückst du dich langsam wieder hoch und leicht mit dem rechten Bein nach vorn.
- Wiederhole diese Bewegung 10-mal pro Seite.

Übungstipp Der Oberkörper ist während der ganzen Übung gerade und stabil, der Blick geht nach vorn. Der Körperschwerpunkt liegt während der ganzen Übung in der Mitte.

Fit auf Klingelton

So trainierst du immer wieder nebenbei: Stell dir im Büro oder auch zu Hause eine Uhr, so dass sie etwa einmal pro Stunde klingelt. Steig bei jedem Klingeln eine bestimmte Anzahl Treppenstufen. Keine Ausrede mehr, Treppen gibt es überall!

3 Squat mit Sidekick

Mit dieser Übung sorgst du vor allem für eine Kräftigung der Pomuskulatur und formst deine Oberschenkel.

- Du stehst aufrecht, deine Beine etwas mehr als hüftbreit geöffnet, die Zehen zeigen leicht nach außen.
- Du gehst jetzt in die Kniebeuge, bis deine Oberschenkel fast parallel zum Boden sind. Deine Knie bleiben dabei nach vorn ausgerichtet und kippen nicht nach innen. Die Hände ballst du zu Fäusten und hältst sie vor deine Brust. Ziehe den Bauchnabel zur Wirbelsäule und stabilisiere so den unteren Rücken, dein Rumpf bleibt dabei stabil.
- Drücke dich langsam wieder hoch, bis deine Beine fast gestreckt sind. Ziehe jetzt dein linkes Bein heran und setze den Fuß so auf, dass die Fußspitze nach links zeigt. Verteile das Gewicht auf beide Beine und schiebe den Po dabei nach rechts. Das rechte Bein ist fast durchgestreckt, das linke Knie etwas mehr gebeugt.
- Verlagere jetzt das ganze Gewicht auf dein linkes Bein, beuge dein rechtes Knie und hebe es eng am Körper an. Dein Blick geht nach rechts.
- Mit deinem rechten Bein führst du jetzt einen Kick nach rechts aus. Heb dafür das Knie bis auf Hüfthöhe und mach mit der Außenkante des rechten Fußes einen schnellen Kick nach rechts.
- Zieh danach dein Knie kontrolliert zurück und stell deinen Fuß langsam wieder ab. Öffne die Füße wieder schulterbreit, komm in die Ausgangsstellung des Squats.
- Wiederhole diese Bewegung fließend 10-mal pro Seite.

Übungstipp Mach die Squats ohne Schwung. Außerdem wichtig: Deine Knie bleiben dabei immer leicht gebeugt.

1 Einbeiniger Beckenlift

Gesäßmuskulatur, Oberschenkelrückseite und untere Rückenmuskulatur werden bei dieser Übung gekräftigt.

▸ Begib dich in die Rückenlage, deine Beine sind hüftbreit geöffnet aufgestellt. Deine Knie befinden sich fast senkrecht über den Knöcheln.
▸ Strecke jetzt ein Bein gerade nach oben zur Decke aus.
Hebe dein Becken so weit wie möglich an.
▸ Hebe und senke nun dein Becken langsam und kontrolliert.
▸ Wiederhole diese Bewegung insgesamt 10- bis 12-mal.

Übungstipp Achte darauf, dass du die ganze Kraft für diese Übung aus der Gesäß- und Beinmuskulatur holst. Entspanne Gesicht, Schultern und Arme.

2 Liegestützhalte

Po, Rücken, Bauchmuskeln sowie Schultern und Arme werden hierbei gekräftigt.

▸ Geh in den Vierfüßlerstand, der Rücken ist gerade, die Knie befinden sich unterhalb der Hüften. Zieh den Bauchnabel in Richtung Wirbelsäule.
▸ Bringe jetzt erst das rechte und dann das linke Bein nach hinten, so dass du in die Liegestützposition kommst.
▸ Achte darauf, dass deine Handgelenke sich unter den Schultergelenken befinden und deine Halswirbelsäule die Verlängerung der Wirbelsäule bildet.
▸ Hebe jetzt das linke Bein so weit wie möglich nach oben, wobei die linke Fußspitze die ganze Zeit zum Boden zeigt.
▸ Halte diese Position einige Sekunden und senke langsam das Bein wieder ab. Berühre kurz mit der Fußspitze den Boden und hebe das Bein dann wieder langsam an. Wiederhole diese Übung 10-mal mit dem linken, danach ebenso oft mit dem rechten Bein.

Übungstipp Halte die ganze Zeit die Spannung im Bauch und gehe nicht ins Hohlkreuz.

Straffe Brust und schlanke Arme

Gerade dieser Bereich ist mir ganz wichtig. Was natürlich nicht heißt, dass ich ausschließlich die Arm- und Brustpartie trainiere. Der Körper sollte und muss ganzheitlich trainiert werden. Aber in meinem Beruf habe ich die Erfahrung gemacht, dass ich gerade zu Beginn genau von meinen Kunden betrachtet werde. Ich als »Sportexpertin« muss schließlich fit und durchtrainiert sein. Da die Arm- und Brustpartie, gerade im Sportdress, das erste ist, was direkt auffällt, ist dieser Bereich natürlich optisch ganz wichtig bei der »Erstbetrachtung«. Du kannst dir nicht vorstellen, welchen Respekt du gezollt bekommst, wenn du, gerade als Frau, gut trainierte Arme zeigen kannst – besonders jungen Männern fällt das sofort positiv auf. Außerdem trage ich gern ärmellose T-Shirts, knappe Tops und schöne Bustiers. Auch bei besonderen Anlässen trag ich ganz gern mal ein ärmelloses Kleid. Und dann sind wohlgeformte und gut trainierte Arme immer ein schöner Anblick.

3 Liegestütz-Standard im Knien

Der große Brustmuskel und die Rückseite des Oberarms werden hierbei gekräftigt.

- Gehe in den Vierfüßlerstand. Deine Hände befinden sich direkt unter der Brust. Nun bringst du die Knie etwas hinter die Hüfte und überkreuzt deine Füße.
- Mit der Einatmung senkst du deinen Oberkörper nach unten. Spanne während der ganzen Übung die Bauchmuskeln an, indem du den Bauchnabel in Richtung Wirbelsäule ziehst. Halte den Rücken immer gerade.
- Am Boden angekommen, drückst du dich mit der Ausatmung wieder nach oben.
- Strecke oben angekommen die Arme, halte deine Ellbogen aber immer leicht gebeugt.
- Absolviere insgesamt 10 bis 12 Liegestütze.

Übungstipp Besonders effektiv: Mach einfach jeden Morgen gleich nach dem Aufstehen schnell mal 10 bis 15 Liegestütze – ein Kick für die Fitness ... und der Tag kann kommen!

1 Liegestütz rücklings

Mit dieser Übung kräftigst du deinen Trizeps.

- Setze dich auf die Matte, stütze die Hände so hinter deinem Po ab, dass die Finger zum Körper hin zeigen. Deine Füße stellst du so auf, dass die Füße sich nicht direkt unter den Knien befinden, sondern etwas weiter weg vom Po.
- Die Fersen drückst du fest in den Boden, die Zehen hebst du vom Boden ab. Jetzt drückst du mit der Kraft des Trizeps deinen Po nach oben.
- Beim Einatmen beugst du nun in dieser Position deine Ellbogen und senkst den gesamten Körper langsam.
- Mit der Ausatmung drückst du dich langsam wieder hoch.
- Die kontrollierte Abwärtsbewegung so weit führen, dass die Ellbogen einen rechten Winkel bilden.
- Wiederhole diese Bewegung 10- bis 12-mal.

Übungstipp Überall wo es einen Stuhl, Tisch oder eine Bank gibt, kannst du diese Übung zwischendurch einschieben! Stütze dich rücklings mit den Händen auf eine Sitzfläche oder Tischplatte. Strecke die Beine aus, so dass deine Fersen noch den Boden berühren. Jetzt die Arme langsam beugen, so dass sich der Körper senkt und dann wieder hoch drücken. Ja, es darf ruhig ein bisschen brennen: Hier schmilzt gerade unser »Wackelarm«!

2 Trizeps-Strecken

Diese Übung kräftigt den Trizeps.

- Nimm eine Hantel in die linke Hand, gehe in eine Ausfallschritt-Position und beuge dich etwas nach vorn.
- Halte die Hantel so neben deinem Körper, dass die Handinnenfläche zum Körper zeigt. Die rechte Hand kannst du auf deinem Oberschenkel ablegen.

▸ Beuge den linken Ellbogen etwas. Mit der Einatmung führst du langsam den gebeugten Arm nach hinten in Richtung Decke. Dein Handgelenk bleibt fest: Handrücken und Unterarm bilden eine Linie.

▸ Halte während der ganzen Übung deinen Ellbogen nah am Körper. Konzentriere dich darauf, dass sich nur dein Unterarm bewegt. Der Rest (Schulter, Oberarm) bewegt sich nicht.

▸ Wiederhole diese Bewegung 10- bis 12-mal, dann wechsle die Seite und schließe nochmals 10 bis 12 Wiederholungen an.

Übungstipp Halte die ganze Zeit deinen Rücken gerade. Spanne deine Bauchmuskeln an: Der untere Bereich des Rückens darf bei dieser Übung nicht beansprucht werden!

3 Bizeps-Curls

Die Curls krätigen vor allem den Bizeps.

▸ Du hältst in jeder Hand eine Hantel und stehst aufrecht mit schulterbreit geöffneten Füßen. Halte die Hantel neben deinen Hüften, die Handinnenflächen zeigen nach vorn. Die Schulterblätter sind in Richtung Hosentaschen gezogen, der Oberkörper ist stabil.

▸ Mit der Einatmung ziehst du die Hanteln in Brusthöhe. Deine Ellbogen bleiben rechts und links eng am Körper. Schulter und Trizeps sind locker, es arbeitet jetzt nur dein Bizeps.

▸ Mit der Ausatmung führst du ganz langsam die Hanteln wieder in die Ausgangsposition.

▸ Wiederhole diese Bewegung 20-mal.

Übungstipp Noch effektiver wird diese Übung, wenn du sie mit einem Ausfallschritt kombinierst.

» Du musst etwas ändern wollen, sonst verändert sich nichts. Und du kannst etwas ändern, es ist nie zu spät! Also: Aufgeben gilt nicht! «

Für einen kraftvollen Rücken

Du kennst den Spruch: Ein schöner Rücken kann auch entzücken! Ein durchtrainierter Rücken sieht nicht nur toll aus, sondern verhilft dir auch zu einer schönen, aufrechten Haltung. Je stärker dein Rücken ist, umso besser ist außerdem auch deine Körperhaltung.

1 Hammer-Curl

Diese Curls kräftigen den äußeren Bizeps.

▸ Du stehst aufrecht mit schulterbreit geöffneten Füßen, die Knie sind leicht gebeugt und hältst in jeder Hand eine Hantel.
Halte die Hanteln neben deinen Hüften, die Handinnenflächen zeigen zum Körper. Die Schulterblätter sind in Richtung Hosentaschen gezogen, der Oberkörper ist stabil.
▸ Mit der Einatmung beugst du die Arme nach vorn und ziehst die Hanteln in Brusthöhe, die Handinnenflächen zeigen zueinander. Deine Ellbogen liegen nah am Körper.
Mit der Ausatmung führst du ganz langsam die Hanteln wieder in die Ausgangsposition zurück.
▸ Wiederhole diese Bewegung 20-mal.

Übungstipp Wenn du deine Schultern spürst, liegt das daran, dass du den Schulter- und Nackenbereich angespannt hast. Zieh deine Schulterblätter in Richtung Hosentaschen und mach den Abstand zwischen Ohren und Schultern groß.

2 Swan

Die Übung kräftigt die gesamte Rückenmuskulatur und mobilisiert die Wirbelsäule.

▸ Geh in die Bauchlage, strecke deine Beine nach hinten aus und bringe sie in die Pilates-Stellung – die Fersen liegen aneinander, die Zehen sind leicht nach außen gerichtet.
▸ Lege die Stirn auf den Boden, die Arme entspannt neben dem Körper, die Handinnenflächen zeigen nach unten.
▸ Spanne den Bauch an, indem du deinen Bauchnabel in Richtung Wirbelsäule und die Schulterblätter in Richtung Hosentaschen ziehst.
▸ Mit der Ausatmung hebst du gleichzeitig beide Beine, Stirn, Schultern und Arme vom Boden ab.
▸ Die Arme streckst du weit nach hinten.
Halte diese Position einige Atemzüge lang und lasse ausatmend den Körper wieder zum Boden sinken. Entspanne 10 tiefe Atemzüge lang.

Übungstipp Gehe bei dieser Übung nicht ins Hohlkreuz. Achte darauf, dass du deine Beine, dein Kopf und deine Schultern nur ein kleines Stück vom Boden anhebst. Blicke in Richtung Boden.

3 Superwoman

Die Übung sorgt für eine Kräftigung der oberen und unteren Rückenmuskulatur.

▸ Gehe in Bauchlage, strecke deine Beine nach hinten und deine Arme nach vorn aus. Mach dich ganz lang.
▸ Hebe jetzt dein rechtes Bein und deinen linken Arm langsam etwas vom Boden. Halte deinen Po und deinen Bauch dabei unter Spannung. Halte diese Position einige Atemzüge.
▸ Mit der Ausatmung legst du langsam Bein und Arm wieder ab.
▸ Halte diese Position auf jeder Seite jeweils für 10 tiefe Atemzüge lang.

Übungstipp Halte die Spannung im Bauch auch während des Einatmens, ziehe deinen Bauchnabel die ganze Zeit in Richtung Wirbelsäule.

Zum guten Schluss: Das bekannte Dehnprogramm

Das Dehnen nach dem Training nie vergessen! Bitte dehne dich nach deiner Trainingseinheit mit den Übungen aus dem 15-Minuten-Programm (siehe ab Seite 69).
Deine regelmäßige Dehneinheit bringt dir viel: Deine Beweglichkeit wird gesteigert. Mehr Beweglichkeit bringt dir ein besseres Körpergefühl, löst Verspannungen und verbessert die Haltung. Allein die Dehnung während der einzelnen Übungen zu spüren ist ein unheimlich angenehmes Gefühl.

Mit der richtigen Ernährung zum Ziel

Hier erhältst du weitere Tipps und theoretische Grundlagen für den nächsten Schritt hin zur richtigen Ernährung. Über Eiweiß und Kohlehydrate bist du schon informiert (siehe ab Seite 96). Weißt du auch über die Fette in der Nahrung so gut Bescheid? Hier findest du einen kurzen Überblick!

Gute Fette – schlechte Fette

Zunächst einmal: Du tust dir keinen Gefallen, wenn du völlig auf Fett verzichtest und glaubst, dass du allein dadurch dein Gewicht reduzieren kannst.
Fett ist für jeden Menschen lebensnotwendig. Wie bei allem anderen auch, kommt es bei den Fetten auf die Qualität und auf die Menge an.

Welche Fette gibt es?

Bei den Fetten unterscheidet man zwischen den gesättigten Fettsäuren, den einfach ungesättigten Fettsäuren und den mehrfach ungesättigten Fettsäuren.

- **Gesättigte Fettsäuren:**
  Sie werden auch als »schlechte Fette« bezeichnet, da sie das Risiko für Herzinfarkt und Schlaganfälle erhöhen. Diese Fettsäuren kommen vor allem in tierischen Lebensmitteln vor: in Butter, Sahne, Käse, Fleisch, Wurst, Milch, und vielen stark industriell verarbeiteten Lebensmitteln. Gerade wenn du Gewicht reduzieren möchtest, solltest du weitgehend auf diese Fette verzichten.
- **Einfach ungesättigte Fettsäuren:**
  Diese Fettsäuren kommen besonders in

pflanzlichen Ölen, wie zum Beispiel Oliven-, Raps-, Erdnussöl und auch in Avocados vor. Die einfach ungesättigten Fettsäuren sind unerlässlich für die Funktion und Elastizität unserer Zellwände und halten den Cholesterinspiegel niedrig.

- **Mehrfach ungesättigte Fettsäuren:** Die wichtigsten mehrfach ungesättigten Fettsäuren sind die Omega-6- und die Omega-3-Fettsäuren. Sie halten die Blutfettwerte niedrig und kommen vor in Fisch, Distel-, Walnuss-, Trauben- und Kürbiskernöl sowie in Nüssen.

Auch auf die Herstellung kommt es an

Es gibt verschiedene Verfahren, Öl herzustellen. Und diese haben einen Einfluss darauf, welche Qualität es hat.

- **Warm gepresste Öle**

Um Öle warm zu pressen, sind hohe Temperaturen nötig. Dadurch wird mehr Öl gewonnen, die Öle sind preiswerter. Es entstehen jedoch gesundheitsschädliche Stoffe. Diese werden anschließend durch ein chemisches Reinigungsverfahren (Raffinade) entfernt. Und dabei gehen leider auch wichtige Vitamine verloren.

- **Kalt gepresste Öle**

Hierbei werden die Rohstoffe nicht erhitzt, es erfolgt kein chemisches Reinigungsverfahren. Es werden nur hochwertige Saaten verwenden, die Ölausbeute ist bei dieser Herstellungsart geringer. Deshalb sind diese Öle teurer als die warm gepressten. Die Kaltpressung ist das schonendste Verfahren der Ölgewinnung. Kalt gepresste Öle enthalten viele wertvolle Inhaltsstoffe – und sind deshalb besser für uns!

Pfanne & Co.

Bei manchen meiner Kunden musste ich bei der Inspektion ihrer Küche feststellen, dass die Töpfe und Pfannen nicht mehr berechtigt waren, so genannt zu werden. Gerade Pfannen waren oft so verkratzt, dass ich sie sofort entsorgen musste. Diese Pfannen konnten nur mit viel Öl benutzt werden, weil sonst alles darin anbrannte. Ich besorgte also erst einmal neue, beschichtete Pfannen. Allein mit dieser Anschaffung kann mehr als 60 Prozent des Fettes bei der Zubereitung der Mahlzeiten eingespart werden! Ein weiteres Muss: ein Pinsel, mit dem du Pfanne oder Topf mit Öl einstreichen kannst.

Welche pflanzlichen Öle sind die besten?

Die wenigsten wissen, dass jedes Öl anders zusammen gesetzt ist. Daher empfehle ich, verschiedene pflanzliche Öle zu verwenden, und sich nicht nur auf eine Sorte festzulegen.
Es kommt eben auch da auf die Mischung an. Damit du genügend wichtige Fettsäuren aufnimmst, ist es von Vorteil, einfach mal

» Achte darauf, dass du dir wirklich eine Scheibe Brot mit Butter gönnst – und nicht reichlich Butter mit etwas Brot darunter! «

Auch beim Öl kommt es darauf an, zu den richtigen Sorten zu greifen. Und die sind sogar gesund für deinen Körper!

verschiedene Öle zu mischen oder anstatt des üblichen Olivenöls zum Beispiel auch einmal ein Kürbiskernöl für den Salat zu verwenden. Du kannst dir auch ein Salatöl aus verschiedenen Ölen mischen: Oliven- und Rapsöl, dazu ein Schuss Sesamöl.
Sei kreativ!

Welche Öle sollte ich nicht erhitzen?

Naturbelassene kaltgepresste Öle, mit einem hohen Gehalt an mehrfach ungesättigten Fettsäuren eignen sich vor allem für die kalte Küche oder auch zum Dünsten.

Was bedeutet »Vollkorn«?

Wir alle sprechen viel von Vollkornprodukten. Leider ist es aber gar nicht so einfach, sich tatsächlich von solchen zu ernähren! Ich erlebe beim Einkaufen immer wieder, dass selbst das Verkaufspersonal oft nicht genau weiß, was Vollkorn tatsächlich bedeutet – und welche Produkte tatsächlich welches enthalten. Oft wird aus Unwissenheit etwas als Vollkorn verkauft, was es gar nicht ist. Um das in der Zukunft zu vermeiden, ist es wichtig, dass du selbst genau weißt, was Vollkorn ist und wie du es erkennen kannst.
Der Begriff Vollkorn sagt aus, dass ein Getreideprodukt (Brot, Nudeln, Brötchen, Toast) aus dem ganzen Korn einer Getreideart hergestellt wird. Getreidearten wie zum Beispiel: Weizen, Roggen, Dinkel, Hafer oder Hirse.
Ein Vollkornbrot ist auch nicht immer an ganzen Körnern zu erkennen. Diese können wie bei weißem Mehl sehr fein gemahlen worden sein. Andersrum sind ganze

Silkes Tipp

- Verwende beim Braten auch mal ein paar Esslöffel Wasser. Damit kannst du Öl sparen!
- Je intensiver der Geschmack des Öles, umso weniger ist es für die warme Küche geeignet.
- Zum Braten eignen sich Fette oder Öle, die einen geringen Gehalt an mehrfach ungesättigten Fettsäuren haben, nicht so geschmacksintensiv und hitzebeständiger sind. Dazu gehören Sojaöl, Rapsöl und Kokosfett.
- Am gesündesten sind die Öle, die eine hohe Zusammensetzung an einfach und mehrfach ungesättigten Fettsäuren enthalten.

> *» Das einzige Öl, das ich aus der Küche meiner Mutter damals kannte, war das Sonnenblumenöl. Heute stehen viele verschiedene Öle in meinem Küchenschrank: Olivenöl, Rapsöl, Walnussöl, Sesamöl, Distel- und Leinöl. «*

Körner auf oder im Brot oder Brötchen nicht direkt ein Zeichen für Vollkorn. Erkundige dich über spezielle Vollkornbäckereien, Reformläden oder Bioläden, diese bieten meistens eine große Auswahl an feinen Vollkornbroten.

Unterschiede zwischen Vollkorn- und Auszugsmehl

Der größte Teil des handelsüblichen Gebäcks wird aus Auszugsmehl hergestellt. Dies sind stark gemahlene Mehle, in denen kaum noch wertvolle Inhaltsstoffe sind. Der wichtige Unterschied zwischen Auszugsmehl und Vollkornmehl ist, dass beim Auszugsmehl die Außenhülle des Getreidekorns entfernt und nicht verwendet wird. Das Mehl ist deshalb auch besonders hell und fein. Gerade in den Außenschichten des Getreides befinden sich aber alle Ballaststoffe, Mineralstoffe und Vitamine. Vollkornmehl wird aus dem ganzen Getreidekorn hergestellt. Brote, Brötchen oder Nudeln aus Vollkornmehl sind deshalb auch dunkler, voller und kräftiger.

Voll gut – warum Vollkorn so gesund ist

Gerade wenn du abnehmen möchtest, helfen Vollkornprodukte aus folgenden Gründen:

- Die Kohlenhydrate in Vollkornprodukten werden langsamer verdaut und halten deshalb länger satt.
- Der Insulinspiegel steigt kaum an, so dass gut Fett verbrannt wird!
- Vollkornprodukte enthalten viele Ballaststoffe. Und die bringen deine Verdauung auf Touren.

Mehlsorten und ihre Typenbezeichnungen: Die Typenbezeichnungen (Typ 405, 480, 700 etc.) geben den Mineralstoffgehalt des Mehles an. Je niedriger die Typenzahl, umso weniger Randschichten des Getreidekorns wurden mit vermahlen und umso heller ist das Mehl – und das enthält dann auch weniger Ballaststoffe, Mineralstoffe und Vitamine. Also: Je höher die Typenzahl des Mehls, umso mehr Vollkorn ist drin!

Die Pyramide zeigt dir, welche Nahrungsmittel in die angegebenen Bereiche gehören.

Das Verhältnis macht's

Viele meiner Kunden sind sich sehr unsicher bei der Zusammenstellung ihrer Nahrung: Was darf ich essen und wie viel darf ich davon essen? Auch hier liebe ich eine einfache, bildliche Darstellung, die sehr hilfreich ist.

So sollte dein Teller aussehen!

Die Pyramide rechts zeigt dir, wie du in Zukunft deine Mahlzeiten zusammenstellen solltest. Du kannst dir dazu auch einen Teller vorstellen. Dieser ist in vier Bereiche geteilt. Jeder Bereich nimmt eine bestimmte Größe in Anspruch. Das zeigt, welche Nahrungsmittel in welcher Menge auf deinen Speiseplan gehören.

▸ **Bereich 1**

Nimmt den größten Platz auf deinem Teller ein und du solltest oft danach greifen. Beispiele: Obst wie Ananas, Erdbeeren, Himbeeren, Mango, Pflaumen, Orangen, Zitronen, Birnen, Kiwi und viele mehr und stärkefreies Gemüse wie Paprika, Möhren, Tomaten, Aubergine, Blumenkohl, Kopfsalate, Knoblauch, Gurken, Zucchinis, Spargel, Zwiebeln, zubereitet mit gutem Öl.

▸ **Bereich 2**

Nimmt etwas weniger Platz auf dem Teller ein und du kannst häufig dazu greifen. Beispiele: fettarme Milchprodukte, mageres Fleisch, Eier, Fisch, Nüsse und alle Arten von Hülsenfrüchten.

▸ **Bereich 3**

Nimmt schon viel weniger Platz ein als der zweite Bereich und du solltest nicht all zu oft danach greifen.
Beispiele: Vollkornprodukte, Nudeln, Reis.

▸ **Bereich 4**

Nimmt nur noch einen winzig kleinen Platz ein. Du solltest ganz selten Lebensmittel aus diesem Bereich verwenden.
Beispiele: Alle Lebensmittel aus Weißmehl,

» *Nur wo Vollkorn drauf steht, muss auch Vollkornmehl oder Vollkornschrot verwendet worden sein. Schau dir deshalb auf abgepacktem Brot oder Toast immer die Zutatenliste an: Wichtig ist, dass Vollkornmehle hier an erster Stelle stehen.* «

sowie Süßigkeiten und Kartoffeln.
Denke einfach immer an die Pyramide und den entsprechenden Teller, wenn du deine Mahlzeiten planst und zubereitest!

Leckere Extras – ganz gesund

Du hast es wahrscheinlich schon gemerkt: Sich gesund zu ernähren, hat nichts mit Verzicht zu tun. Sondern damit, die richtigen Entscheidungen zu treffen und nicht zu übertreiben! Die meisten kleinen Sünden, die du dir bisher geleistet hast, kannst du durch gesunde Alternativen ersetzen. Hier findest du ein paar Beispiele.

Verführerisch kalorienarm: Dips

Es gibt viele Rezepte und Anleitungen für Dips. Mir ist es aber wichtig, dass du dir unabhängig von Rezepten mit etwas Fantasie und Experimentierfreude deine eigenen Dips kreierst. Schön bunt wird dein Dip mit Joghurt, etwas Quark, und kleingewürfelten gelben und roten Paprika und Gurkenstücken. Auch lecker: Quark oder Joghurt mit klein gehackter Zwiebel und etwas Schnittlauch. Pfeffer, Salz und Knoblauch runden den Dip herzhaft ab. Lass deiner Fantasie freien Lauf!

Gesund naschen

Was heißt gesund naschen? Fasst das, geht das? Ja! Gerade wir Erwachsenen wissen genau, dass ein kompletter Verzicht auf Naschereien meist nur dazu führt, dass wir irgendwann wieder alles in uns hineinschlingen und am Ende viel zu viel naschen. Die bessere Lösung: Sich von Anfang an etwas mit gutem Gewissen gönnen und gut damit haushalten. Also Naschen ja, aber Süßigkeiten nicht wie Grundnahrungsmittel konsumieren. Und das ist schon für die Kleinen wichtig, denn gerade bei Kindern kommt man nicht damit durch, wenn man ihnen das Naschen komplett verbietet. Die Lösung:

- Erlaube Süßigkeiten in Maßen.
- Bunkere nie eine große Auswahl an Naschereien zu Hause.
- Biete deinen Kindern Alternativen an (siehe Kasten).
- Sei selbst Vorbild.

Clevere Nasch-Alternativen

- Salzstangen statt Chips
- Getrocknetes Obst (vielleicht auch mit Zartbitterschokolade überzogen) statt Vollmilchschokolade
- Wackelpudding statt fette Schokopuddings oder Tiramisu
- Ungesalzene Nussmischung statt gesalzener Erdnüsse
- selbst gemachtes Popkorn statt gekauftes zu süßes Popcorn
- Fruchteis statt Milcheis
- Fruchtkuchen statt Buttercreme,
- selbst gemachter Fruchtjoghurt aus Naturjoghurt und püriertem Obst statt gekauftem, überzuckertem Fruchtjoghurt
- chinesisches Reisgebäck statt Tortillachips

Stufe 4: So bleibst du am Ball

Gratulation, du hast es bis hierher geschafft! Jetzt kommt es nur noch darauf an, dass du erfolgreich weitergehst. Und dass du nicht von deinem Weg abkommst, auch wenn es vielleicht hin und wieder einmal kleine Hindernisse zu bewältigen gilt!

Durchhalten – so klappt's!

Wieder ein wenig zugenommen? Kein Problem, lass dich davon nicht unterkriegen! Ich kenne diese Tage, die einem kein gutes Gefühl geben. Man fühlt sich alles andere als toll und ist wütend auf sich selbst. Man hat das Gefühl, dass man einfach gar kein Durchhaltevermögen hat.
Selbst wenn es dir bisher noch nicht so ging: Diese Tage werden kommen. Wichtig ist, dass du damit rechnest. Verzweifle nicht an Hindernissen, sondern sieh Rückschläge als Herausforderung und verbinde positive Gefühle damit. Wie das geht? Zum Beispiel so: OK, du hast jetzt mal wieder ein paar Tage mehr gegessen als du eigentlich wolltest. Es gibt viele Gründe, wer kennt sie nicht! Jedes Jahr das Gleiche: Feiertage, Geburtstage, eine besonders stressige Phase im Büro oder einfach nur die Wintertage machen es einem nicht immer leicht. Bestrafe dich nicht! Genieße auch diese Tage, sieh sie als Ausnahmen, als besondere Tage an. Wie du weißt, sind Ausnahmen erlaubt, solange sie wirklich Ausnahmen bleiben.

Das Wichtigste: Bleib optimistisch und mutig!

Wie du es schaffen kannst? Sieh jeden Tag als eine neue Chance und mach einfach konsequent weiter. Falls du an einem Tag doch etwas zu viel Süßes gegessen oder den Sport vernachlässigt hast: Das war gestern! Schalte die Selbstvorwürfe und Schuldgefühle unbedingt aus. Heute wird es wieder besser laufen!

Auf diese Weise habe ich mein Denken verändert. Wenn ich jetzt mal wieder ein oder zwei Tage etwas mehr esse, dann mach ich mir kein schlechtes Gewissen mehr. Ich fühle mich auch nicht als Versager oder komme mir direkt wieder dicker vor. Das waren früher die Gefühle, die mich dazu brachten, wieder mehr zu essen. Diesem Teufelskreislauf entkomme ich jetzt, indem ich mich nicht mehr für Fehler bestrafe: Jeder Tag ist ein neuer Anfang! Jeder Tag hat es verdient, positiv, mit einem guten Gefühl zu mir, begonnen zu werden!

» Eine meiner ehemaligen Schützlinge sagte mir einmal: »Silke, du hast wieder Bewegung in mein Leben gebracht, und das fühlt sich gigantisch gut an.« «

SOS-Tipps für das Essen unterwegs

Damit du »figurgefährdende« Situationen besser meistern und Rückschläge erfolgreich minimieren kannst, hier einige Tipps für den gesunden Alltag.

▸ **Schlank trotz Kantinenessen**
Kantinen sind meist gezwungen, Fertiggerichte einzusetzen, die außerdem oft viele Zusatzstoffe enthalten. Achte also besonders auf diesen Aspekt, also wähle in der Kantine möglichst frische und pure Produkte wie Gemüse, gedämpften Fisch oder Geflügelfleisch. Greif beim Salat lieber zu den frischen Varianten – wie Gurken, Tomaten, Möhren und Blattsalat – statt zu Dosen-Mais oder Ähnlichem.

▸ **Gesunder Restaurantbesuch**
Verzichte auf frittierte Speisen – und unbedingt auch auf das Weißbrot vor dem Essen. Bestell statt der typischen Beilagen wie Nudeln, Kartoffeln oder Reis besser die doppelte Menge an Gemüse.

▸ **Leicht & locker auch auf Partys**
Wenn du eingeladen bist, geh auf Nummer sicher: Niemals ausgehungert auf eine Party gehen! Oft gibt es dort nämlich nur Knabberzeug und viele fettige und zuckerhaltige Lebensmittel.

▸ **Hunger auf einen Snack?**
Wenn du Lust auf was Süßes hast, versuche es einfach mal mit einem Riegel dunkler Schokolade (mindestens 70 % Kakaoanteil), einigen Nüssen oder getrockneten Früchten. Meine Favoriten: Walnüsse und getrocknete Mango – wirklich lecker!

▸ **Ideen für die schnelle Mittagspause**
Du hast nur wenig Zeit und willst mittags schnell draußen einen Imbiss nehmen? Statt zu Currywurst und Pommes greif in der Mittagspause lieber zu fettärmeren Alternativen: Hol dir ein halbes Hähnchen ohne Haut, ein Fischbrötchen oder einen vegetarischen Döner mit extra viel Salat.

Rezepte für die »schnelle Küche«

Mir ist wichtig, dass du lernst, auch ohne spezielle Rezepte gesunde Mahlzeiten zuzubereiten. Du hast jetzt all das Handwerkszeug, das du benötigst. Stelle deine Rezepte selbst zusammen. Du weißt, in welchen Anteilen dein Teller mit welchen Nahrungsmitteln gefüllt sein soll, welche Öle du verwendest, welche Kohlenhydrate passen, was Vollkornprodukte bewirken …
Im Nachfolgenden findest du vier Grundrezepturen, jedoch ohne Mengenangaben. Du erfährst die Zutaten. Du weißt, wie viel wovon zu einer gesunden Mahlzeit gehört (siehe Pyramide und Empfehlungen ab Seite 132) und bereitest so ganz einfach und schnell eine Mahlzeit zu. Ich habe mich auf warme Mahlzeiten beschränkt. In der Arbeit mit meinen Kunden konnte ich feststellen, dass gerade Rezepte für abends und mittags gefragt sind.
Ich habe bei jedem Rezept auch Gewürze angegeben. Verwende ruhig verschiedene Gewürze. Ich bin ein Knoblauchliebhaber, deshalb verwende ich meist auch Knoblauch. Wenn du willst, verwende Zwiebeln, Paprika – was immer du gern magst.

Silkes Tipp

Abends verzichtest du einfach auf Nahrungsmittel aus dem Bereich 3. Es gibt dann also nur eine Mahlzeit mit Zutaten aus Bereich 1 und 2.

Erstes Rezept

Bereich 1: Zucchini
Bereich 2: Geflügelgeschnetzeltes, Nüsse
Bereich 3: Vollkornnudeln
Bereich 4: Sahne
Gewürze: Pfeffer, Salz, Curry

Zweites Rezept

Bereich 1: Aubergine, Knoblauch
Bereich 2: Rindertatar, Rindergehacktes
Bereich 3: Vollkornnudeln
Bereich 4: ./.
Gewürze: Pfeffer, Salz,

Drittes Rezept

Bereich 1: Paprika (gelbe und rote), Frühlingszwiebeln
Bereich 2: Lammfilet
Bereich 3: Vollkornreis
Bereich 4: ./.
Gewürze: Pfeffer, Salz, Sojasauce, Knoblauch

Viertes Rezept

Bereich 1: Paprika (gelbe und rote), Frühlingszwiebeln,
Bereich 2: Fisch (Pangasius, Lachs, Thunfisch)
Bereich 3: Vollkornnudeln
Bereich 4: ./.
Gewürze: Pfeffer, Salz, Knoblauch

Experimentiere mit diesen vier Rezepten. Verwende ruhig immer wieder andere Gemüse-, Fleisch- und Fischsorten. Du wirst merken, wie vielfältig du kochen kannst.
Viel Spaß und guten Appetit!

Wie geht's weiter?

► **Sieh das Gute!**
Genieße dein neues Körpergefühl und denke immer daran, welche Vorteile dir ein Körper bietet, in dem du dich wohl fühlst. Wird dir bewusst, dass du es wirklich ganz allein in der Hand hast? Und dass du es verdient hast, ein zufriedenes Leben zu führen? Alle Ausreden, mit denen ja meist auch noch andere Menschen verantwortlich gemacht werden, gelten nicht mehr. Du bist du – und die anderen sind die anderen.

► **Bleibe mutig!**
Nimm Rückschläge an, lass nicht locker und mach auf jeden Fall weiter. Wenn doch ein Rückfall passiert ist, stress dich nicht! Stattdessen kannst du jetzt:

– einfach einen Obsttag einlegen!
– einige Tage lang Kohlenhydrate meiden und stattdessen reichlich eiweißreiche Lebensmittel genießen.
– Frust anders abbauen als durch Essen: Gönn dir einen Termin beim Friseur oder bei der Kosmetikerin! Das gibt dir ein positives, gutes Gefühl zu dir selbst, du fühlst dich buchstäblich wohler in deiner Haut. Und das ist das beste Mittel gegen weiteres Frustessen!
– alles wieder abtrainieren, indem du einfach dein Sportprogramm etwas ausbaust und auch die Aktivität insgesamt erhöhst.

► **Fang dich selbst wieder ein!**
Bemerkst du, dass du wieder schwach wirst? Dann schließe einfach ein paar Sekunden die Augen. Frage dich: »Warum glaube ich, dass ich jetzt unbedingt etwas Bestimmtes essen will und muss?«
Sei nicht zu streng mit dir. Es gibt immer Situationen, die jeden noch so standhaften Menschen schwach werden lassen. Mach dir immer wieder klar, das dieser eine Tag oder diese eine Woche nichts mit dem Rest deines Lebens zu tun haben. Du kannst solche Tage wieder gut machen.

► **Motiviere dich jeden Tag aufs Neue!**

– Bewahre Bilder oder Kleidung aus schlankeren Zeiten so auf, dass du sie jeden Tag sehen kannst.
– Ich habe mir eine alte Jeanshose so hingehängt, dass ich sie jeden Tag sehen konnte. In regelmäßigen Abständen habe ich sie angezogen und passte jedesmal besser rein. Heute trage ich diese Hose wieder regelmäßig. Und sobald sie etwas kneift, zieh ich die Notbremse, fühle mich aber nicht schlecht dabei.
– Such dir einen Verbündeten für deine Sporteinheiten. Gemeinsam an einem Ziel zu arbeiten motiviert unglaublich. Dazu kommt noch, dass es eher selten vorkommt, dass ihr beide keine Lust habt. Das bedeutet auch: Es kommt seltener vor, dass das Training abgesagt wird.
– Behalte den Spaß an der Bewegung und überfordere dich nicht. Also nicht »heftig beginnen und dann aufgeben«. Denn: Dabeibleiben ist alles!
– Erinnere dich an deine Erfolge. Selbst wenn es mal eine Zeitlang nicht mehr ganz so gut funktioniert hat, gib nicht auf: Du hast einfach deine Ziele etwas aus den Augen verloren – kein Problem, fang einfach wieder neu an!

Bücher, die weiterhelfen

Abnehmen

Hautkappe, C.; Wendel, S., **aha! macht schlank.** GRÄFE UND UNZER VERLAG

Funfack, W., **Metabolic Balance.** Südwest-Verlag

Knight, I., Thomas, N., **Das Speck-weg-Programm: So haben wir zusammen 60 Kilo abgenommen.** Goldmann Verlag

Kuhn, D., **Abnehmen für Kinder.** GRÄFE UND UNZER VERLAG

Wolf, Dr. D., **Übergewicht und seine seelischen Ursachen.** GRÄFE UND UNZER VERLAG

Ernährung

Kayadelen, S., Sautter, N., **Besser Essen – Leben leicht gemacht** 2. Verlag Zabert Sandmann

Pape, D., Schwarz, R., Gillessen, H., Trunz-Carlisi, E., **Schlank im Schlaf: Die revolutionäre Formel: So nutzen Sie Ihre Bio-Uhr zum Abnehmen.** GRÄFE UND UNZER VERLAG

Worm, N., **LOGI-Methode: glücklich und schlank.** Systemed

Fitness

Gallagher-Mundy, C., **Fitnesstraining für zu Hause: Die 40 effektivsten Workouts.** Dorling Kindersley-Verlag

Hederer, M., **Laufen statt Diät.** GRÄFE UND UNZER VERLAG

Helmkamp, A., Mack, N., Winski, N., Schmidt, Dr. M. R., **Nordic Walking.** und: **Nordic Fitness. Alle nordischen Varianten für Sommer & Winter.** GRÄFE UND UNZER VERLAG

Marckhgott, B., **Pilates. Schön, stark und beweglich.** GRÄFE UND UNZER VERLAG

Rahman, C.; Schwarz, M., **ManPower – Personal Training für Muskeln und Fitness.** GRÄFE UND UNZER VERLAG

Tschirner, T., **Fitness Scout.** GRÄFE UND UNZER VERLAG

Entspannung

Grasberger, D., **Autogenes Training.** GRÄFE UND UNZER VERLAG

Hainbuch, F., **Progressive Muskelentspannung.** GRÄFE UND UNZER VERLAG

Trökes, A., **Das große Yoga-Buch.** GRÄFE UND UNZER VERLAG

Adressen und Links, die weiterhelfen

Adressen und Links zu Fitness und Personal Training

Die Autorin im www
www.silke-kayadelen.de
www.fitness-expertin.de

Bundesverband der Deutschen Personal Trainer e. V.
Eupener Straße 159
50933 Köln
www.bdpt.org

Deutscher Pilates Verband e. V.
Alte Darmstädter Straße 12 A
64367 Mühltal/Trautheim
www.pilates-verband.de
verena@pilates-verband.de

Pilates Bodymotion Ausbildung GbR
Klutstein 22
51467 Bergisch Gladbach
www.pilates-bodymotion.de

Deutscher Turner-Bund
Otto-Fleck-Schneise 8
60528 Frankfurt
www.dtb-online.de

Adressen und Links zum Thema Übergewicht

Geschäftsstelle Deutsche Adipositas-Gesellschaft e. V.
Waldklausenweg 20
81377 München
www.adipositas-gesellschaft.de

AdipositasSpektrum
www.adipositasspektrum.de

Links zu Fitness und Ernährung

www.mach2.de
Der Start in ein gesünderes Leben!

www.personalfitness.de
www.personal-trainer-network.de
Der Weg zum eigenen Personal Trainer.

www.brigitte.de
Vielfältige Informationen rund um Ernährung und Fitness.

www.fitforfun.de
Wissenswertes zur Fitness, das Portal zur gleichnamigen Zeitschrift.

www.richtig-fit.de
Trainingstipps, Tests und mehr.

Adressen und Links zum Thema Bekleidung in großen Größen

Miederkönigin
Gemarkenstraße 41
45147 Essen-Holsterhausen
0201/784124
www.miederkoenigin.de

Belle Dessous
www.belle-dessous.com

Warm Sports
www.warmsports.de
Funktionelle Sportbekleidung bis Größe 50

Register

Übungsregister

Dank

Ich möchte mich bei all denen bedanken, die mich bei der Arbeit an diesem Buch unterstützt haben: durch ihre Geduld, ihre Hilfe, ihre Kreativität, ihren nicht enden wollenden Hang zur Perfektion. Die Freude und der starke Glaube an das Buch gaben mir sehr viel positive Energie, die ich dann in hohem Maße darin einfließen lassen konnte.
Vielen Dank an Gerd Leistenschneider, Anja Schmidt, Ina Raki, Manuela Schrecke, Susa Lichtenstein, Kay Blaschke, Mo Correa und Heiko Palach.

Impressum

Programmleitung: Ulrich Ehrlenspiel
Redaktion: Anja Schmidt
Lektorat: Ina Raki
Layout: independent Medien-Design, Claudia Hautkappe
Herstellung: Markus Plötz
Satz: Grafikatelier Luk, Eva Klaffenböck
Lithos: Repro Ludwig, Zell am See
Druck: aprinta, Firmengruppe Appl, Wemding
Bindung: sellier, Firmengruppe Appl, Freising

Fotoproduktion: Kay Blaschke
Weitere Fotos, Bildnachweis:
Corbis: S. 27; Frank Dicks: S. 13, hintere Außenklappe; die bildstelle: S. 57; Getty: S. 16, 23, 128, 136, hintere Innenklappe, Bild 3; GU-Archiv, Harry Bischof: S. 102; Claudia Hautkappe: S. 31; Jump: S. 33, 48, 90, hintere Innenklappe/Bild 1, 4 und 6; Jupiterimages: S. 20; Mauritius: S. 8, 52; Dr. Kai-Uwe Nielsen: S. 4; Plainepicture: S. 40, 92; StockFood: S. 96, 99, 100, 101, 130, 132; Westend61: hintere Innenklappe, Bild 2

Die GU-Homepage finden Sie unter www.gu-online.de

Vielen Dank für die Unterstützung der Fotoproduktion an Sport Scheck, München

ISBN 978-3-8338-1598-0
1. Auflage 2009

Wichtiger Hinweis
Die Gedanken und Anregungen in diesem Buch stellen die Meinung bzw. Erfahrung der Verfasserin dar. Sie wurden von der Autorin nach bestem Wissen erstellt und mit größtmöglicher Sorgfalt geprüft. Sie bieten jedoch keinen Ersatz für kompetenten therapeutischen Rat. Jede Leserin, jeder Leser ist für das eigene Tun und Lassen auch weiterhin selbst verantwortlich. Weder Autorin noch Verlag können für eventuelle Schäden, die aus den im Buch gegebenen Hinweisen resultieren, eine Haftung übernehmen.

GRÄFE UND UNZER

Ein Unternehmen der
GANSKE VERLAGSGRUPPE